达芬奇

视频调色 + 剪辑特效合成

胡卫国 / 主编　孙婕 / 副主编

清华大学出版社

北京

内 容 简 介

达芬奇是一款专业的剪辑调色软件。本书基于 Davinci Resolve 19 版本编写而成，系统阐述了运用该软件进行视频剪辑、调色的方法和技巧，可以帮助读者轻松掌握达芬奇软件的操作方法。

本书共 10 章，主要内容包括软件的基本剪辑功能、对视频色彩进行基本调整、对局部画面进行二级调色、火爆全网的 8 种调色风格、轻松打造震撼的视听体验、添加字幕、添加转场效果、制作片头片尾，以及《古风禅意短片》和《居家日常 Vlog》综合案例的剪辑和调色技巧。本书采用全案例式教学，提供实战示范，读者可以更好地理解和掌握利用达芬奇软件进行视频后期剪辑与调色的技能，从而提升学习效率。

本书适合调色爱好者阅读学习，也适合广大短视频爱好者、新媒体行业从业人员阅读参考，还可作为相关专业的教学参考书或上机实践指导用书。

图书在版编目 (CIP) 数据

达芬奇视频调色＋剪辑＋特效＋合成 / 胡卫国主编 .
北京 : 清华大学出版社 , 2025. 2. -- ISBN 978-7-302-68377-3
Ⅰ . TP317.53
中国国家版本馆 CIP 数据核字第 20252EV635 号

责任编辑：陈绿春
封面设计：潘国文
版式设计：方加青
责任校对：徐俊伟
责任印制：沈 露

出版发行：清华大学出版社
　　　　网　　　址：https://www.tup.com.cn，https://www.wqxuetang.com
　　　　地　　　址：北京清华大学学研大厦 A 座　　　　邮　　编：100084
　　　　社 总 机：010-83470000　　　　　　　　　　邮　　购：010-62786544
　　　　投稿与读者服务：010-62776969，c-service@tup.tsinghua.edu.cn
　　　　质 量 反 馈：010-62772015，zhiliang@tup.tsinghua.edu.cn
印 装 者：三河市君旺印务有限公司
经　　销：全国新华书店
开　　本：188mm×260mm　　印　　张：12.25　　字　　数：380 千字
版　　次：2025 年 4 月第 1 版　　印　　次：2025 年 4 月第 1 次印刷
定　　价：89.00 元

产品编号：103780-01

达芬奇软件是一款汇集剪辑、调色、视觉特效等后期制作功能于一身的视频后期制作工具。本书采用案例实操的方式帮助读者全面了解达芬奇软件的功能，做到学用结合。希望读者能通过学习，做到融会贯通，轻松掌握这些功能，从而制作出精彩的视频效果。

本书特色

全案例式教学、实战示范：通过81个实用性极强的实战案例，向读者讲解使用达芬奇软件剪辑、调色的技巧。

内容新颖全面、通俗易懂：从基础功能出发，对达芬奇的基本剪辑功能、调色功能、视频滤镜效果、视频转场效果、字幕效果、视频特效等相关知识进行全方位的讲解。

内容框架

全书共10章，具体内容如下。

第1章介绍基础剪辑中的新建项目、导入素材、修剪编辑、交付输出等知识。

第2章讲解基础调色中一级校色轮、一级校色条、Log色轮、应用LUT、降噪、RGB混合器、曲线、胶片外观创作器等的操作方法。

第3章讲解局部调色中限定器、窗口蒙版、跟踪器功能、Alpha通道、神奇遮罩、矫正肤色、美颜瘦脸、人物抠像等功能的应用方法。

第4讲解赛博朋克、青橙色调、黑金色调、油画色调、复古港风、宫崎骏风、青灰古风、日系文艺风等调色风格的制作方法。

第5章讲解雪景特效、跟踪文字、魔法换天、动物说话、光影特效、换装特效、发光文字、鬼影特效等视频特效制作方法。

第6章主要介绍在达芬奇中制作投影字幕、滚动字幕、打字效果、粒子消散等字幕效果方法。

第7章主要介绍叠化转场、光效转场、遮罩转场、瞳孔转场、划像转场等转场效果的制作方法。

第8章主要介绍在达芬奇软件中制作水墨片头、卷轴开场、快闪片头、电影开幕、文字分割、影视片尾、模糊片尾、画面消散等片头片尾制作方法。

第9章对之前的内容进行汇总，向读者讲解《古风禅意短片》的剪辑和调色技巧。

第10章也是对之前的内容进行汇总，向读者讲解《居家日常Vlog》的剪辑和调色技巧。

配套资源及技术支持

本书配套资源包括配套素材和视频教学，请用微信扫描右侧的"配套资源"二维码进行下载。如果在配套资源的下载过程中碰到问题，请联系陈老师（chenlch@tup.tsinghua.edu.cn）。如果有技术性问题，请用微信扫描右侧的"技术支持"二维码，联系相关人员进行解决。

配套资源　　　技术支持

编　者

2025年3月

目 录

第 1 章　基础剪辑：掌握达芬奇基本剪辑功能

第 2 章　基础调色：对视频色彩进行基本调整

第 3 章　局部调色：对局部画面进行二级调色

第 4 章　色彩风格：火爆全网的 8 种调色风格

第 5 章　视频特效：轻松打造震撼的视听体验

第 6 章　添加字幕：图文结合让作品锦上添花

第 7 章　转场效果：提升视频档次的关键元素

第 8 章 片头片尾：让视频的开场和结尾更精彩

第 10 章 综合案例：《居家日常 Vlog》

第 9 章 综合案例：《古风禅意 短片》

第1章

基础剪辑：掌握达芬奇基本剪辑功能

　　达芬奇是一款强大且全面的视频后期制作软件，集剪辑、调色、视觉特效、音频处理于一身，为用户提供一个高效、灵活的工作环境，使他们能够轻松地完成从制作到输出的整个视频制作流程。本章将带领读者认识2024年发布的达芬奇版本——DaVinci Resolve 19，并讲解该软件的基本剪辑功能。

1.1
新建项目——达芬奇剪辑实战

　　在剪辑视频之前，首先要确定视频上传平台。若上传平台为抖音、小红书等竖屏内容平台，视频比例通常为9:16。若上传平台为微博、bilibili等横屏内容平台，视频比例通常为16:9。

　　启动达芬奇软件后，会进入项目管理器，单击"新建项目"按钮，即可新建一个项目文件。

01 启动达芬奇软件，进入项目管理器，单击"新建项目"按钮，如图1-1所示。

02 弹出"新建项目"对话框，在文本框中输入项目名称，单击"创建"按钮，如图1-2所示，即可创建项目文件。

03 执行操作后，即可进入达芬奇"快编"界面，在达芬奇顶端菜单栏中执行"文件" | "项目设置"命令，如图1-3所示。

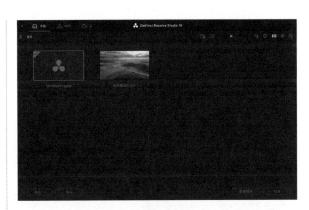

图1-1

图1-2

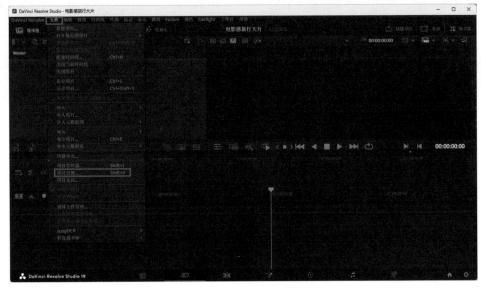

图1-3

知识专题：达芬奇软件的布局

达芬奇工作界面底部为导航栏，依次分布着"媒体""快编""剪辑"、Fusion、"调色"、Fairlight、"交付"7个界面图标，如图1-4所示，单击对应图标，即可进入相应操作界面。

图1-4

媒体：在达芬奇工作界面下方单击"媒体"图标，即可切换至"媒体"界面，在其中可以导入、管理及复制媒体素材，并查看媒体素材的属性信息等。

快编：该界面与"剪辑"界面类似，允许用户快速浏览、排列、处理素材。

剪辑：大部分的后期剪辑工作都在此界面中完成，在其中可以导入媒体素材、创建时间线、剪辑素材、制作字幕、添加滤镜、添加转场、标记素材

入点和出点及双屏显示素材画面等。

Fusion：该界面主要用于进行动画效果的处理，包括合成、绘图、粒子及字幕动画等功能，在其中可以制作出电影级视觉特效和动态图形动画。

调色：调色系统作为达芬奇的特色功能，用户可以在该界面中对素材进行色彩调整以及一级调色、二级调色和降噪等操作。

Fairlight：用户可以在该界面中根据需要调整音频效果，包括音调匀速校正和变速调整、音频正常化、3D声像移位、人声通道和齿音消除等。

交付：影片编辑完成后，在"交付"界面进行渲染输出设置，将制作完成的项目输出为MP4、AVI、EXP、IMF等格式的文件。

04 弹出"项目设置"对话框，可以根据个人需求更改"时间线分辨率"和"时间线帧率"。更改后单击右下角的"保存"按钮，如图1-5所示。

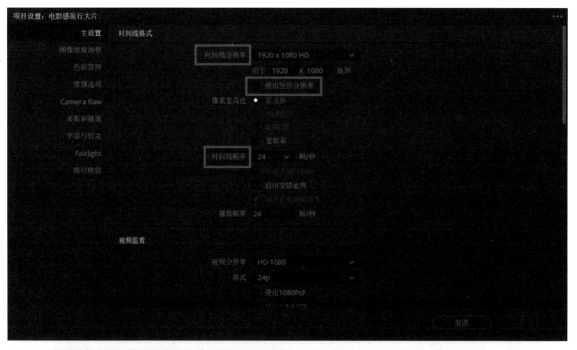

图1-5

提示：

时间线分辨率是指时间线上显示视频片段的清晰度和细节水平，通常默认设置为1920×1080，如果需要制作竖屏视频，可勾选"使用竖屏分辨率"复选框。时间线帧率是指时间线上每秒可以播放多少帧图像，常见帧率标准有25fps、30fps、60fps等（fps表示"帧/秒"）。

1.2
导入素材——电影感旅行大片

在达芬奇软件中，用户可以先将视频素材、音频素材、字幕素材、图像等素材导入"媒体池"面板，再将素材添加至"时间线"面板进行剪辑。学习完新建项目后，下面介绍导入素材的具体操作步骤。图1-6所示为导入的视频文件的效果。

图1-6

01 打开"电影感旅行大片"项目文件，进入"快编"界面，在界面底部的导航栏中单击"媒体"图标，如图1-7所示，切换至"媒体"界面。

图1-7

"媒体"界面介绍："媒体"界面主要用于进行素材的导入和管理，其完整界面如图1-8所示。左上角为"媒体存储"面板，在"磁盘目录"面板中选择磁盘和文件夹，右侧的"媒体浏览器"面板即可显示当前文件夹下的所有素材。单击对应的"磁盘目录"，找到存放素材的文件夹，单击相应素材，中间的"素材监视器"面板会显示素材的实时画面，可以方便用户快速挑选想要的素材。最右边的"元数据"面板会显示素材的大小、帧率等各种具体信息。挑选完合适的素材后，可以按住鼠标左键将素材拖动到下方的"媒体池"面板中，以备进行下一步的剪辑操作。

图1-8

02 在左上角的"媒体存储"面板中单击对应的磁盘目录，打开存放素材的文件夹，依次选择"电影感旅行大片"的视频、音频、字幕素材，长按鼠标左键将其拖动到下方的"媒体池"面板中，如图1-9所示。

图1-9

03 在界面底部的导航栏中单击"快编"图标,如图1-10所示,切换至"快编"界面。

图1-10

"快编"界面介绍:图1-11所示为达芬奇的"快编"界面,主要用于素材的浏览与粗剪,由"媒体池""素材监视器""时间线"面板组成。

可以说"快编"界面相当于"剪辑"界面的简略版,与"剪辑"界面最大的区别在于拥有一个时间线缩略图和一个"时间线"面板。时间线缩略图侧重于全局控制,"时间线"面板侧重于细节控制。用户在素材量庞大的情况下,可以先进入"快编"界面快速浏览、筛选素材,再进入"剪辑"界面进行素材的精剪。

图1-11

04 在"媒体池"面板中选中"02电影感旅行大片.mp4"视频素材,长按鼠标左键将其拖动至"时间线"面板中,执行操作后,系统将自动创建相应的时间线。在"媒体池"面板中继续选中"03舒缓悠扬.wav"音频素材,将其拖动至"时间线"面板中的音频轨道A3中。最后在"媒体池"面板中选中"01世界那么大我想去看看.png"字幕素材,按住鼠标左键将其拖动至"时间线"面板中,并置于视频素材的上方,如图1-12所示。

图1-12

05 单击"播放"按钮▶即可查看视频效果。

四种素材导入方式如下。

首先进入"剪辑"界面，第一种，将素材从"媒体池"面板拖入"时间线"面板，如图1-13所示；第二种，单击"媒体池"面板中的素材，素材将显示在"素材监视器"面板中，将"素材监视器"面板中的素材拖入"时间线"面板，如图1-14所示；第三种，拖动时间指示器至想要导入的位置，长按鼠标右键把素材拖入"素材监视器"面板，直至"素材监视器"面板右侧弹出菜单，选择"插入"选项，如图1-15所示；第四种，单击"媒体池"面板中的素材，将时间线拖动至想要插入的位置，在工具栏单击"插入"图标■，如图1-16所示。

图1-15

图1-13

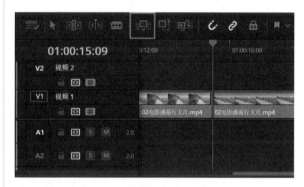

图1-16

提示：

　　在将素材导入"媒体池"面板中时，有时会弹出"更改项目帧率？"对话框，如图1-17所示。在对话框中若单击"更改"按钮，会更改时间线帧率，以和素材片段帧率匹配；若单击"不更改"按钮，则不会对项目帧率进行更改。

图1-17

图1-14

1.3
入点出点——氛围感古风短片

在对素材文件进行后期剪辑时，通常只会用一个素材中的一段,这时就需要"入点"和"出点"来设置素材的播放起点和播放终点。下面介绍具体操作方法,视频效果如图1-18所示。

图1-18

01 启动达芬奇软件,新建项目文件,进入"媒体"界面,将素材导入"媒体池"面板,如图1-19所示。

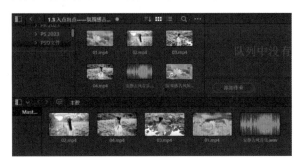

图1-19

02 进入"剪辑"界面,在界面右上角单击"检查器"按钮🎬,如图1-20所示,将"检查器"面板关闭。

图1-20

03 执行操作之后,界面中即可同时呈现"素材监视器"面板和"时间线监视器",如图1-21所示。

图1-21

04 双击视频素材"01.mp4",即可在"素材监视器"面板中查看到素材"01.mp4"的画面,按空格键即可播放该素材,再按一次即暂停播放素材。在素材"01.mp4"的起始位置(即00:00:00:00处)按I键,添加一个入点,如图1-22所示。

图1-22

05 将播放滑块拖动至00:00:02:26处,按O键,添加一个出点,如图1-23所示。

图1-23

06 双击视频素材"02.mp4",在素材"02.mp4"位置的00:00:05:29处,按I键,在00:00:08:02处,按O键,如图1-24所示。

图1-24

07 双击视频素材"03.mp4"，在素材"03.mp4"位置的00:00:12:20处，按I键，在00:00:15:17处，按O键，如图1-25所示。

置的00:00:02:11处，按I键，在00:00:05:15处，按O键，如图1-26所示。

图1-26

图1-25

08 双击视频素材"04.mp4"，在素材"04.mp4"位

09 将素材"01.mp4"～"04.mp4"依次拖入视频轨道V1中，如图1-27所示。

图1-27

10 双击音频素材"安静古风音乐.wav"，在素材起始位置（即00:00:00:00处）按I键，在00:00:11:04处，按O键，如图1-28所示。

11 将"素材监视器"面板中的音频素材"安静古风音乐.wav"拖入音频轨道A1中，如图1-29所示。

图1-29

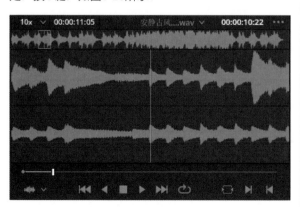

图1-28

12 单击"播放"按钮▶即可查看视频效果。

1.4
修剪编辑——治愈向萌宠指南

在"时间线"面板的工具栏中，应用"修剪编辑模式"不仅可以修剪素材文件的时长区间，还可以调整素材的出入点。下面介绍应用"修剪编辑模式"工具修剪视频素材的操作方法，效果如图1-30所示。

图1-30

01 启动达芬奇软件，新建"治愈向萌宠指南"项目文件，导入素材，进入"媒体"界面，将素材拖动至"媒体池"面板，如图1-31所示。

图1-31

02 进入"剪辑"界面，将素材"01.mp4"拖动至视频轨道V1中，如图1-32所示。

图1-32

03 在"时间线"面板的工具栏中单击"修剪编辑模式"按钮，如图1-33所示。

图1-33

"剪辑"界面工具栏介绍：达芬奇的工具栏是一个强大的功能集合，提供了各种各样的编辑工具，如图1-34所示。下面对这些编辑工具进行拆分讲解。

图1-34

第一组编辑模式有四个按钮，依次是选择模式、修剪编辑模式、动态修剪模式和切刀模式。

选择模式默认开启，用于更改视频素材的位置和时长；修剪编辑模式可以修剪素材文件的时长区间，调整素材的出入点；开启动态修剪模式且按空格键播放时，播放头会向前预览部分衔接素材；切刀模式用于切割素材。

第二组导入素材工具有三个按钮，依次是插入片段、覆盖片段和替换片段。插入片段可以将素材插入播放头后面；覆盖片段可以覆盖播放头以后的内容；替换片段可以替换所选中的整段素材。

第三组功能性开关，依次是吸附、链接选择和位置锁定。吸附可以使出入点或标记点等自动对齐；链接选择用于音视频的联动链接。

第四组标注按钮，依次是旗标、标注。旗标用于标记整段素材；标记用于标记时间线上的素材。

第五组时间线缩放，时间线缩放区可以调整时间线显示的方式，有全览缩放、细节缩放、自定缩放，也可以自行调整。

04 将光标移至"01.mp4"的尾端，当光标呈修剪形状时，按住鼠标左键向左拖动至00:00:03:01处，松开鼠标左键，即可对素材"03.mp4"进行修剪，如图1-35所示。

图1-35

05 为素材"02.mp4"和素材"03.mp4"分别打上入点和出点（00:00:11:22～00:00:14:06）（00:00:37:17～00:00:39:12），依序拖动至视频轨道V1中，如图1-36所示。

图1-36

06 执行操作后，光标将变成修剪工具图标，将其移至素材"03.mp4"的下方，按住鼠标左键向左拖动，素材将覆盖素材"02.mp4"的后半段，如图1-37所示。

图1-37

07 将光标移至素材"03.mp4"的上方，按住鼠标左键向左（或向右）拖动，即可调整素材的出（入）点位置，如图1-38所示。

图1-38

08 将音频文件"慵懒放松.mp3"拖入音频轨道A2中，如图1-39所示。

图1-39

09 用修剪图标工具■单击音频尾端向左拖动至00:00:07:07处，松开鼠标左键，即可对音频进行修剪，如图1-40所示。

图1-40

10 单击"播放"按钮▶即可查看视频效果。

1.5
滑移编辑——夏日露营野餐记

在达芬奇软件中，动态修剪模式有两种操作方法，分别是滑移和滑动两种剪辑方式，用户可以通过按S键进行切换。在讲述该功能的使用方法之前，首先需要介绍预览窗口中倒放、停止、正放的快捷键，分别是J、K、L键。下面介绍通过滑移功能剪辑视频素材的操作方法，效果如图1-41所示。

图1-41

01 启动达芬奇软件，打开"夏日露营野餐记"项目文件，进入"剪辑"界面。在"时间线"面板的工具栏中，单击"动态修剪模式"按钮，如图1-42所示，执行操作后，时间指示器将变成黄色，如图1-43所示。

图1-42

图1-43

02 在视频轨道V1中单击素材"03.mp4"，如图1-44所示，按正放键J键，使视频片段向左移动至合适位置，再按停止键K键暂停，如图1-45所示。

图1-44

图1-45

03 将时间指示器移至视频的尾端，在"时间线"面板的工具栏中，单击"修剪编辑模式"按钮，并单击"动态修剪模式"按钮，执行操作后，如图1-46所示，单击音频轨道A2上音频素材的末端向左拖动至00:00:06:08处，如图1-47所示。

图1-46

图1-47

04 执行操作后，单击"播放"按钮即可查看视频效果。

1.6
刀片工具——简约风产品展示

在"时间线"面板中，用工具栏中的刀片工具，可以将素材分割为多个素材片段。下面介绍具体的操作方法，效果如图1-48所示。

图1-48

01 启动达芬奇软件，新建"简约风产品展示"项目文件，进入"媒体"界面导入素材，如图1-49所示，随后进入"剪辑"界面，将素材"01.mp4"拖入"时间线"面板V1轨道上，如图1-50所示。

图1-49

图1-50

02 在"时间线"面板的工具栏中，单击"刀片编辑模式"按钮，如图1-51所示。执行操作后，光标将变成刀片工具图标，如图1-52所示。

图1-51

图1-52

03 将其移至视频素材需要进行分割的位置单击，即可将素材分割为两个片段，如图1-53所示。

图1-53

04 在工具栏中切换"选择模式"按钮，在视频轨道V1中选中需要删除的素材片段，按Delete键删除，如图1-54所示。

图1-54

05 参照上述操作方法依序将余下的素材拖动至视频轨道V1并进行分割和删除，如图1-55所示。

图1-55

06 最后将音频文件"阳光配乐.wav"拖动至音频轨道A2中，并将其裁剪至和视频同长，如图1-56所示。

图1-56

07 执行操作后，单击"播放"按钮▶即可查看视频效果。

1.7
添加标记——毕业照动感快闪

在达芬奇软件"剪辑"界面中,标记主要用来记录视频中的某个画面,使用户更加方便地对视频进行编辑。下面介绍利用标记点剪辑视频的操作方法,效果如图1-57所示。

图1-57

01 启动达芬奇软件,新建"毕业照动感快闪"项目文件,进入"媒体"界面,将素材拖动至"媒体池"面板,如图1-58所示。

图1-58

02 进入"剪辑"界面,将音频素材"开心活力.mp3"拖动至音频轨道A1中,如图1-59所示。

图1-59

03 选中音频素材,将时间指示器移至01:00:02:02处,如图1-60所示。在"时间线"面板的工具栏中,单击"标记"按钮■,执行操作后,即可在音频的01:00:02:02处添加一个蓝色标记,如图1-61所示。

图1-60

图1-61

04 将素材"01.mp3"拖动至视频轨道V1中,可以在预览窗口中查看到标记处的素材画面,如图1-62所示。

图1-62

05 将时间指示器移至01:00:02:02（标记）处，在"时间线"面板的工具栏中，单击"刀片编辑模式"按钮，光标将变成刀片工具图标，在时间指示器处单击，将素材"01.mp4"一分为二，删除后一个片段，如图1-63所示。

01:00:04:19、01:00:05:16、01:00:06:15、01:00:08:13、01:00:09:16、01:00:10:15、01:00:11:13、01:00:12:15、01:00:13:12、01:00:14:12、01:00:15:11处添加标记点，如图1-64所示。

图1-63

06 参照上述操作方法，在01:00:02:20、01:00:03:18、

图1-64

07 浏览一遍素材"02.mp4"～"09.mp4"，在合适的地方打上入点和出点，将素材"02.mp4"～"09.mp4"依序拖动至视频轨道V1上，如图1-65所示。

图1-65

08 素材"02.mp4"～"09.mp4"参照步骤06操作,对准标记点,剪切掉多余段落,效果如图1-66所示。

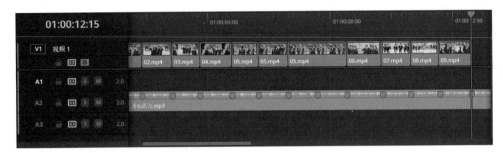

图1-66

09 将图片"01.jpg"～"03.jpg"拖入时间轴,参照步骤06,对准标记点,剪切掉多余段落,如图1-67所示。

图1-67

10 将时间指示器移至音频最后一个标记点的位置,选中分割出来的后半段素材,按Delete键删除,如图1-68所示。

图1-68

11 执行操作后,单击"播放"按钮▶即可查看视频效果。

1.8
场景勘测——户外一日游速剪

达芬奇软件的场景勘测是其特有功能,原理是通过对视频画面的色彩分析,将完整的一段影片裁切成分镜。用户通过使用"场景勘测"功能可以快速定位场景,提升素材浏览效率。下面介绍利用场景勘测剪辑视频的操作方法,效果如图1-69所示。

图1-69

01 启动达芬奇软件，新建项目"户外一日游速剪"，进入"媒体池"面板，找到素材"01.mp4"，如图1-70所示。

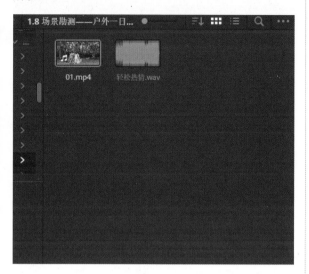

图1-70

02 右击素材"01.mp4"，在弹出的快捷菜单中选择"场景剪切探测"选项，如图1-71所示。

图1-71

"场景探测"界面介绍，如图1-72所示。

监视区：用于显示视频预览，在监视区中会同时显示上一帧镜头、当前镜头和下一帧镜头，以便用户对比和确认剪辑点。

勘测区：由播放头和勘测深度调整线两部分组成，勘测深度调整线调得越低，场景勘测越灵敏。

场景勘测记录点：主要用于记录检测到的场景、帧数和时间码信息等。

图1-72

03 进入"场景探测"界面后，单击左下角的"自动场景探测"按钮，如图1-73所示。

图1-73

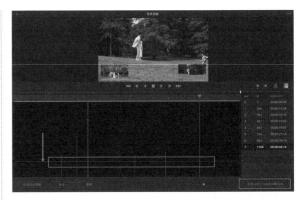

图1-74

04 软件自动识别完毕后，往下拖动勘测深度调整线，单击右下角的"将剪切的片段添加到媒体池"按钮，如图1-74所示。

05 关闭"场景探测"界面，"媒体池"面板则出现5个被自动剪切好的片段，给这些片段依序命名。将音频素材"轻松热情.wav"拖动至"媒体池"面板，如图1-75所示。

图1-75

06 进入"剪辑"界面，将音频素材"轻松热情.wav"拖动至音频轨道A1，如图1-76所示。

图1-76

07 在音频的01:00:02:14、01:00:05:05、01:00:07:21、01:00:10:15、01:00:13:10、01:00:16:05、01:00:20:21处添加标记点，如图1-77所示。

08 将素材"01.mp4"～"08.mp4"依序拖动至视频轨道V1，一一对准标记点，删除多余片段，如图1-78所示。

图1-77

图1-78

09 删除多余音频片段，如图1-79所示。

图1-79

10 执行操作后，单击"播放"按钮▶即可查看视频效果。

1.9
变速控制——自驾游风景随拍

在后期处理的工作中，遇到一些运动十分缓慢的素材时，通常会需要对其进行变速处理，在达芬奇软件中，用户可以在选中素材的状态下，通过快捷键Ctrl+R来打开变速控制条，或者右击，在弹出的快捷菜单中选择"变速控制"选项来打开变速控制条对素材进行变速处理。下面介绍具体的操作方法，效果如图1-80所示。

图1-80

01 进入达芬奇软件，新建"自驾游风景随拍"项目文件，进入"媒体"界面，导入素材，如图1-81所示。

图1-81

02 进入"剪辑"界面，将视频素材"01.mp4"和素材"02.mp4"拖动至视频轨道V1中，将时间指示器移至01:00:01:05处，单击"刀片编辑模式"按钮■，对准时间指示器剪切该片段，如图1-82所示。

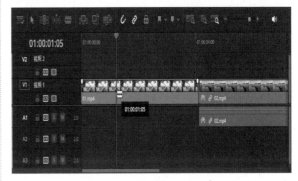

图1-82

03 切换回"选择"按钮▶，剪切时间指示器后面的片段，并删除空白段，如图1-83所示。

图1-83

04 选中视频轨道V1上的素材"02.mp4"，按快捷键Ctrl+R打开变速控制条，如图1-84所示。

图1-84

05 将光标移至素材的上方，按住鼠标左键向左拖动，直至素材下方的数值变为1134%，如图1-85所示。

06 将时间指示器移至01:00:02:02处，单击素材下方的下拉按钮▼，如图1-86所示。

图1-85

图1-86

07 展开下拉列表，选择"添加速度点"选项，如图1-87所示，执行操作后，再将时间指示器移至01:00:03:10处，参照上述操作方法添加速度点，如图1-88所示。

图1-87

图1-88

08 单击第一个速度点和第三个速度点的下拉按钮▼，选择"更改速度"为200%，如图1-89所示。

图1-89

09 将时间指示器移至01:00:05:10处，单击"刀片编辑模式"按钮▦，剪切所示位置，切换"选择"按钮▣，按Delete键删除01:00:05:10之前的素材"02.mp4"片段，剪切后的效果如图1-90所示。

图1-90

10 将时间指示器移至01:00:04:19处，参照步骤09剪切片段，随后删除01:00:04:19之后的素材"02.mp4"片段，如图1-91所示。

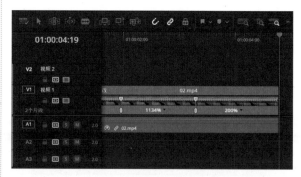

图1-91

11 在"时间线"面板中选中视频素材右击，在弹出的快捷菜单中选择"变速曲线"选项，如图1-92所示。执行操作后，在"时间线"面板中将生成对应的"变速曲线"面板，如图1-93所示。

图1-92

图1-93

12 在"变速曲线"面板中单击第一个变速点，执行操作后，变速点将变为红色，如图1-94所示。

图1-94

13 在"变速曲线"面板的上方，单击"贝塞尔"按钮，执行操作后，第1个变速点将转变为贝塞尔点，如图1-95所示。

图1-95

14 参照步骤12和步骤13的操作方法将第2个变速点也转为贝塞尔点，如图1-96所示。

图1-96

15 将"公路旅行.wav"音频素材导入至音频轨道A1，配合视频轨道V1上的素材长度，删除多余片段，如图1-97所示。

图1-97

16 执行操作后，单击"播放"按钮▶即可查看视频效果。

1.10
关键帧——婚礼主题照片墙

在达芬奇软件的检查器窗口内的每一个参数旁边都有一个菱形，这就是"关键帧"按钮。关键帧是在时间轴上设置的特定点，用于确定某个属性（如位置、大小、不透明度等）在特定时间的值。我们可以利用关键帧，精确控制素材属性随时间的变化轨迹。下面介绍具体的操作方法，效果如图1-98所示。

图1-98

01 启动达芬奇软件，新建"婚礼主题照片墙"项目文件，导入素材，将音频素材"甜蜜温馨.wav"拖入音频轨道A1，如图1-99所示。

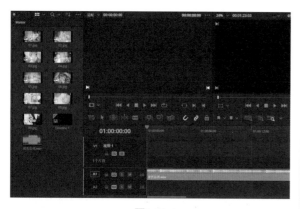

图1-99

02 将音频素材的01:00:00:18、01:00:02:07、01:00:03:19、01:00:05:06、01:00:06:20、01:00:08:06、01:00:09:21、01:00:11:07处打上标记点，并剪切掉01:00:11:07之后的多余片段，如图1-100所示。

图1-100

03 将素材"01.jpg"拖入视频轨道V1，拉长该素材至01:00:11:07处，如图1-101所示。

图1-101

04 单击素材"01.jpg"，再单击界面右上角"检查器"按钮，进入"检查器"面板，如图1-102所示。

图1-102

05 将时间指示器移至01:00:00:00处，设置"缩放"处的X值Y值均为1.018，设置完毕后在右边单击菱形按钮，菱形变红即设置了该时间点的关键帧，再设置"位置"处的X值为-122.139、Y值为35.789，单击右边菱形按钮，设置完毕后如图1-103所示。

图1-103

06 将时间指示器移至01:00:02:07处，设置"缩放"处的X值Y值均为0.528，打上关键帧，设置"位置"处的X值为-624.139、Y值为235.789，打上关键帧，设置完毕后如图1-104所示。

图1-104

07 将素材"02.jpg"～"06.jpg"依序拖入视频轨道V2～V6，拉长至与轨道上的素材"01.jpg"同长，将时间指示器分别移至01:00:00:18、01:00:02:07、01:00:03:19、01:00:05:06、01:00:06:20、01:00:08:06、01:00:09:21、01:00:11:07处，依次剪切并删除时间指正左边的片段，效果如图1-105所示。

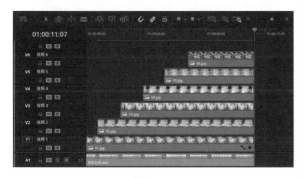

图1-105

08 将时间指示器移至01:00:00:18处，单击素材"02.jpg"，设置"缩放"处的X值Y值均为0.908，单击"关键帧"按钮，设置"位置"处的X值为4.519、Y值为-37.895，单击"关键帧"按钮，设置完毕后如图1-106所示。

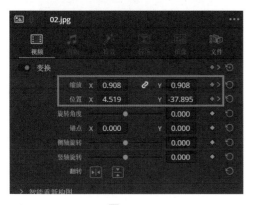

图1-106

09 将时间指示器移至01:00:03:19处，单击素材"02.

jpg"，设置"缩放"处的X值Y值均为0.528，单击"关键帧"按钮，设置"位置"处的X值为599.519、Y值为266.105，单击"关键帧"按钮，设置完毕后如图1-107所示。

图1-107

10 素材"03.jpg"～"06.jpg"参照步骤08、步骤09，使图片匀速向画面四周缩小即可，单击素材右下角的菱形图标◢还可以调整关键帧在时间线上的位置，如图1-108所示。

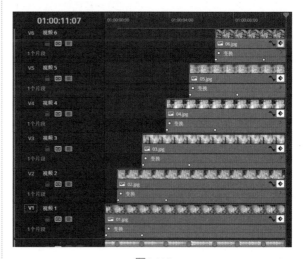

图1-108

11 执行操作后，单击"播放"按钮▶即可查看视频效果。

1.11
多机位剪辑——夏日水果记

达芬奇软件的多机位剪辑功能允许用户在剪辑过程中同步多个摄像机角度的素材，并在多个视频源之间快速切换和编辑。下面介绍具体的操作方法，效果如图1-109所示。

图1-109

01 启动达芬奇软件，新建"夏日水果记"项目文件，进入"媒体"界面，导入素材至"媒体池"面板。

02 单击素材"01（1）.mp4"，再单击右上角的"元数据"按钮进入"元数据"面板，如图1-110所示。

图1-110

03 单击"元数据"面板的"筛选"按钮，选择"镜头与场景"选项，如图1-111所示。

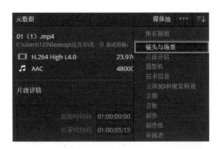

图1-111

04 在"镜头与场景"中设置"角度"为A，如图1-112所示。

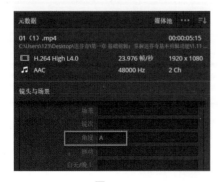

图1-112

05 单击素材"01（2）.mp4"，参照步骤02、步骤03，设置"角度"为B，如图1-113所示。

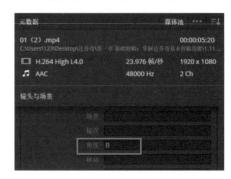

图1-113

06 进入"剪辑"界面，按住Shift键同时选中素材"01（1）.mp4"和素材"01（2）.mp4"，右击素材并在弹出的快捷菜单中选择"使用所选片段新建多机位片段"选项，如图1-114所示。

图1-114

07 进入"新建多机位片段"界面，在"多机位片段名"中输入"素材01多机位"，帧率与素材帧率保持一致，"角度命名方式"选择"元数据-角度"选项，如图1-115所示，单击"创建"按钮。

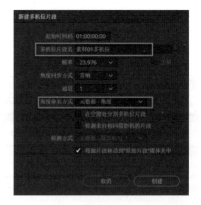

图1-115

08 在"媒体池"面板找到"素材01多机位"，右击并在弹出的快捷菜单中选择"在时间线上打开"选项，如图1-116所示，在轨道上的显示如图1-117所示。

图1-116

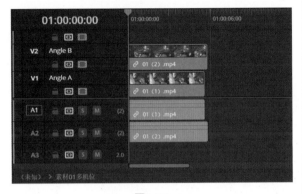

图1-117

09 将音频素材"夏日清新.wav"拖动至音频轨道A3中，给音频01:00:02:02、01:00:03:23、01:00:06:00、01:00:08:05、01:00:10:04、01:00:11:05、01:00:12:04、01:00:14:21、01:00:17:21、01:00:21:21处打上标记点，如图1-118所示。

图1-118

10 将时间指示器移至01:00:02:02处，单击"刀片编辑模式"按钮■修剪时间指示器后多余素材，如图1-119所示，随后删除多余素材。

图1-119

11 给音频01:00:02:02处打上标记点，随后单击"刀片编辑模式"按钮■对准素材"01（2）.mp4"编辑01:00:02:02之前的素材，裁剪完成后如图1-120所示。

图1-120

12 将素材"02.mp4"拖入视频轨道V1，随后将时间指示器对准第三个标记点，剪切多余素材，如图1-121所示。

图1-121

13 其余素材参照步骤11依序摆放至视频轨道V1中，对准标记点剪切多余素材，如图1-122所示。

图1-122

14 执行操作后，单击"播放"按钮▶即可查看视频效果。

1.12
交付输出——企业活动快剪

在达芬奇软件中剪完视频后，即可切换至"交付"界面，将制作的成品输出为一个完整的视频文件。下面介绍具体操作方法，视频效果如图1-123所示。

图1-123

01 启动达芬奇软件，打开"企业活动快剪"项目文件，单击进入"交付"界面，如图1-124所示。

图1-124

"交付"界面介绍。

"渲染设置"面板：主要用于选择和自定义渲染参数，以满足不同的交付需求。用户可以快速设置YouTube、Vimeo等预设，也可以自定义各项参数，如视频格式、编码、分辨率、比特率等。

"监视器"面板：用于预览要渲染的影片画面，确保输出效果符合预期。

"片段"面板：主要用于显示和管理即将进行渲染或输出的视频片段。

"时间线"面板：展示时间线上的素材片段，方便用户选择需要渲染的片段。可以通过拖动时间线滑块，快速定位到特定位置进行预览和设置。支持设置入点和出点，精确控制渲染范围。

"渲染队列"面板：存放所有的渲染任务，用户可以在此查看和管理渲染任务。

02 在"渲染设置"面板中设置文件名称和保存位置，如图1-125所示。

图1-125

03 在"格式"下拉列表中选择"MP4"选项，如图1-126所示。

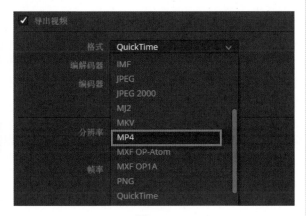

图1-126

04 分辨率可以选择想要的视频分辨率，这里我们选择默认参数"1920×1080 HD"，如图1-127所示。

图1-127

05 单击"渲染设置"面板右下角的"添加到渲染队列"按钮，如图1-128所示，随后"渲染队列"面板将会出现刚刚添加的渲染任务，如图1-129所示，单击"渲染所有"按钮。

图1-128

图1-129

06 执行操作后，开始渲染视频文件，并显示视频渲染进度，待渲染完成后，在渲染列表中会显示完成用时，表示渲染成功，如图1-130所示。在视频渲染保存的文件中，可以查看渲染输出的视频。

图1-130

第 2 章
基础调色：对视频色彩进行基本调整

在影像艺术的广阔天地中，调色技术无疑扮演着举足轻重的角色。达芬奇软件调色系统以其卓越的性能和卓越的画质，成为影视后期制作的不可或缺的工具。本章主要展示达芬奇软件基础调色的全面功能和操作方法。

2.1
一级校色轮——夕阳调色

在达芬奇软件的"一级-校色轮"面板中，一共有四个色轮，从左至右分别是暗部、中灰、亮部及偏移，顾名思义，分别用来调整素材画面的阴影部分、中间灰色部分、高光部分及色彩偏移部分。下面介绍具体操作方法，图2-1所示为调色前后的效果对比。

图2-1

01 启动达芬奇软件，打开"夕阳调色"项目文件，进入"调色"界面，如图2-2所示。

图2-2

"调色"界面介绍。

"画廊""LUT库""媒体池"面板：主要用来展示整理调色过程中对画面抓取的静帧、各类LUT和媒体片段。

"检视器"面板：可实时预览视频调色效果。

"节点"面板：用于操作调色节点，控制调色流程。

"片段"面板：用来显示调色的媒体片段。

"调色"功能面板：是对视频进行调色操作的主要工作面板，可以使用色轮、曲线、跟踪器以及分量图等工具对画面色彩进行调整。

示波器：在调色中辅助分析判断色彩平衡、亮度及饱和度等色彩信息。

02 单击"色轮"按钮◉，展开"一级-校色轮"面板，将光标移至"暗部"色轮下方的轮盘上，长按鼠标左键并向左拖动，直至色轮下方的参数均显示为-0.05，参照上述操作方法将"中灰"色轮的参数均调整至-0.01、将"亮部"色轮的数值均调整至0.98，如图2-3所示。

图2-3

03 最后将"偏移"色轮向紫色方向拖动至合适位置后释放鼠标左键，调整偏移参数，如图2-4所示。执行操作后，在预览窗口可以查看最终效果。

图2-4

> **提示：**
>
> 在调整参数时，如需恢复参数重新调整，可以单击每组色条（或每个色轮）右上角的"恢复重置"按钮◉。

2.2 一级校色条——草地调色

一级校色条是达芬奇软件调色工具中不可或缺的关键组件，它位于一级校色轮的外围，赋予用户对单个色彩通道及亮度进行精细化调整的能力。在后期处理过程中需要对画面的色彩平衡和细节进行精细微调时，一级校色条的作用便显得尤为重要，能够有效满足用户对于色彩精准把控的需求。图2-5所示为调色前后对比图。

图2-5

01 启动达芬奇软件，打开"草地调色"项目文件，进入"调色"界面，如图2-6所示。

图2-6

02 单击"色轮"按钮◉，展开"一级-校色轮"面板，在面板的左上角单击"校色条"按钮▥，展开"一级-校色条"面板，如图2-7所示。

图2-7

03 将光标移至"暗部"色条下方的轮盘上，按住鼠标左键并向左拖动，直至色条下方的参数均显示为-0.03。参照上述操作方法将"中灰"色条下方的参数均调整为-0.06，如图2-8所示。

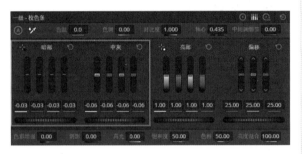

图2-8

04 将光标移至"亮部"色条的绿色通道上，按住鼠标左键并向上拖动，直至参数显示为1.04。将光标移至"亮部"色条的蓝色通道上，按住鼠标左键并向上拖动，直至参数显示为1.17。参照上述操作方法将"偏移"色条绿色通道的参数调整为20.2，如图2-9所示。

图2-9

05 执行操作后，在预览窗口可以查看最终效果。

2.3
Log 色轮——治愈天空调色

　　Log色轮是达芬奇调色软件中的一个重要工具，专为Log-C或与之相似的Gamma和颜色编码的媒体而设计。它允许用户对归一化处理后的Log编码影片进

行快速、电影感的调节，或者对特定区域进行精确的调整，以形成独特的影片风格。图2-10所示为调色对比图。

图2-10

01 启动达芬奇软件，打开"治愈天空调色"项目文件，进入"调色"界面，如图2-11所示。

图2-11

02 展开"分量图"示波器面板，在其中可以查看素材波形情况，如图2-12所示，可以看到红色与绿色分布较均匀，蓝色分布偏上，说明画面整体偏蓝色。

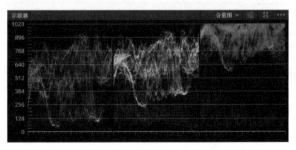

图2-12

03 单击"色轮"按钮◎，展开"一级-校色轮"面板，在面板的左上角单击"Log色轮"按钮◎，展开"一级-Log色轮"面板，如图2-13所示。

图2-13

04 切换至"一级-Log色轮"面板，将光标移至"阴影"色轮下方的轮盘上，按住鼠标左键并向右拖动，将素材的阴影部分升至0.25，随后光标移至"中间调"色轮下方的轮盘上，按住鼠标左键向左拖动至-0.08，如图2-14所示。

图2-14

05 将光标移至"高光"色轮，鼠标左键向右拖动色轮至所有参数为0.05，随后按住鼠标左键将蓝色参数向右拖动至0.18。将光标移至"偏移"色轮，拨动"偏移"色轮至所有参数为24.00，随后长按蓝色参数拖动至12.56，如图2-15所示。

图2-15

06 完成操作后，"示波器"面板中的蓝色波形明显降低了，如图2-16所示。在预览窗口可以查看调整后的视频画面效果。

图2-16

提示：

　　在"调色"界面中，"RGB混合器"面板非常实用。"RGB混合器"面板中有"红色输出""绿色输出""蓝色输出"3组颜色通道，每组颜色通道都有3个滑块控制条，可以帮助用户对素材画面中的某一个颜色进行准确调节，并且不影响画面中的其他颜色。"RGB混合器"面板还具有为黑白的单色素材调整RGB比例参数的功能，并且在默认状态下，会自动开启"保留亮度"功能，在调节颜色通道时保持亮度值不变，为用户后期调色提供了很大的创作空间。

2.4
镜头匹配——鲜艳花朵调色

　　达芬奇软件拥有镜头匹配功能，可以对两个片段进行色彩分析，自动匹配效果较好的镜头片段，对整个视频进行统一调色，图2-17所示为调色对比图。

图2-17

01 启动达芬奇软件，打开"鲜艳花朵"项目文件，进入"剪辑"面板，可以看到左边的视频素材"鲜艳花朵"为调色前的画面，右边的视频素材"鲜艳花朵（调色后）"为调色后的画面，我们将其作为要匹配的目标片段，如图2-18所示。

图2-18

02 切换至"调色"界面，找到"片段"面板，单击片段01，该片段框变红，如图2-19所示。

图2-19

03 随后右击片段02，在弹出的快捷菜单中选择"与此片段进行镜头匹配"选项，如图2-20所示。

图2-20

04 当看到片段01从白色边框变成彩色边框即为调色匹配成功，如图2-21所示。

图2-21

05 执行操作后，在预览窗口可以查看调整后的视频画面效果。

2.5 应用LUT——唯美海景调色

达芬奇调色软件（如DaVinci Resolve）通常提供一系列内置的LUT选项，包括电影风格、经典电影风格、日落效果、黑白效果等。这些内置LUT可以为用户快速实现常见的图像调整效果。图2-22所示为调色前后对比。

图2-22

01 启动达芬奇软件，打开"唯美海景"项目文件，进入"调色"界面。

02 单击进入"LUT库"面板，如图2-23所示。

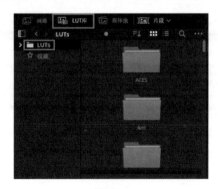

图2-23

03 单击下拉按钮，再选择"Film Looks"选项，如

图2-24所示。

图2-24

04 找到第三个名为"DCI-P3 Fujifilm 3513DI D65"的LUT，如图2-25所示，按住鼠标左键拖动至"节点"面板的01节点，即可应用该LUT，如图2-26所示。

图2-25

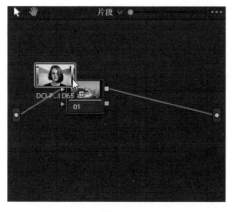

图2-26

05 执行操作后，在预览窗口可以查看调整后的视频画面效果。

> **提示：**
> 用户也可以按住鼠标左键，将所选的滤镜样式拖动至预览窗口中的视频画面上，释放鼠标左键，将选择的滤镜样式添加至视频素材上。

2.6
模糊雾化——朦胧雪景调色

在达芬奇软件中，我们可以通过调色中的模糊与雾化效果为素材制作出高斯模糊效果，调色对比如图2-27所示。

图2-27

01 启动达芬奇软件，打开"朦胧雪景"项目文件，如图2-28所示。

图2-28

02 切换至"调色"界面，单击"窗口"图标◎进入"窗口"面板，选择"圆形"工具，如图2-29所示。

图2-29

03 在预览窗口中，创建一个圆形蒙版遮罩，拖动遮罩至合适位置与大小，如图2-30所示。

图2-30

04 在"窗口"面板中，单击"反向"按钮，如图2-31所示，反向选取企鹅。

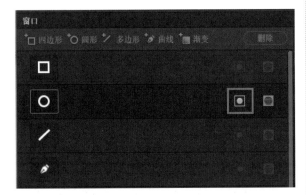

图2-31

05 切换至"跟踪器"面板，在面板下方勾选"交互模式"复选框，单击"插入"按钮，插入特征跟踪点，单击"正向跟踪"按钮，跟踪素材运动路径，如图2-32所示。

图2-32

06 单击"模糊"按钮，展开"模糊-模糊"面板，向上拖动"半径"通道控制条上的滑块，直至参数均显示为0.7，如图2-33所示，即可完成对视频局部进行模糊处理的操作。

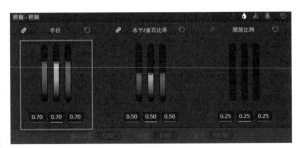

图2-33

07 单击"雾化"按钮，展开"模糊-雾化"面板，如图2-34所示。

图2-34

08 在"混合"文本框中输入参数为0.00，向上拖动滑动条至0.7，如图2-35所示，可完成对视频局部进行雾化处理的操作。

图2-35

2.7
时域降噪——城市夜景调色

达芬奇软件时域降噪是音频和视频后期处理中的一项重要功能，时域降噪主要通过对多帧图像进行分析运算来进行降噪，它基于图像序列在时间上的连续性，通过比较和分析相邻帧之间的差异来识别和消除噪点。图2-36所示为降噪前后对比。

图2-36

01 启动达芬奇软件，打开"城市夜景"项目文件，在预览窗口中，可以查看导入项目的效果，如图2-37所示。

图2-37

02 切换至"调色"界面，单击"运动特效"按钮 ▣，展开"运动特效"面板，如图2-38所示。

图2-38

03 在"时域降噪"选项区中，单击"帧数"选项右侧的下拉按钮，在下拉列表中选择"5"选项，如图2-39所示。

04 将"时域阈值"的"亮度""色度""运动"项的参数调整为100.0，如图2-40所示，操作完成后可在预览效果查看时域降噪处理效果。

图2-39   图2-40

2.8
空域降噪——雨夜人像调色

空域降噪主要是针对当前单帧图像的噪点进行处理，它不考虑噪点在时间上的关系，而是专注于在图像的空间域内减少或消除噪点。图2-41所示为降噪前后对比。

图2-41

33

01 启动达芬奇软件，打开"雨夜人像"项目文件，在预览窗口中，可以查看导入项目的效果，如图2-42所示。

图2-42

02 切换至"调色"界面，单击"运动特效"按钮 ，展开"运动特效"面板，如图2-43所示。

图2-43

03 在"空域降噪"选项菜单中，在"模式"中选择"更强"选项，如图2-44所示。

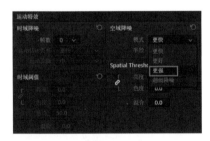

图2-44

04 将"时域阈值"的"亮度""色度"项调整为100.0，如图2-45所示，操作完成后可在预览效果查看空域降噪处理效果。

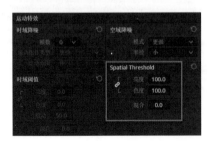

图2-45

提示:

噪点是图像中的凸起粒子，是比较粗糙的部分像素，感光度过高、曝光时间太长等情况会使图像产生噪点。要想获得干净的画面，就需要使用后期软件中的降噪工具进行处理。在达芬奇中可以通过"运动特效"功能来进行降噪，该功能主要基于GPU（单芯处理器）进行分析运算。在"运动特效"面板中，降噪工具主要分为"时域降噪"和"空域降噪"两部分。

2.9
RGB 混合器——绿叶红花调色

在"RGB混合器"面板中，有红色输出、绿色输出、蓝色输出3组颜色通道，每组通道都有3个滑块控制条，可以帮助用户针对图像画面中的某一个颜色进行准确调节，并且不影响画面中的其他颜色。图2-46所示为调色前后对比。

图2-46

01 启动达芬奇软件，打卡"绿叶红花"项目文件，在预览窗口可以查看项目效果，如图2-47所示。

图2-47

02 切换至"调色"界面，进入"RGB混合器"面板，如图2-48所示。

图2-48

03 长按鼠标左键将"红色输出"通道中的红色滑块控制条向上拖动至1.5，如图2-49所示。

图2-49

04 长按鼠标左键将"绿色输出"通道中的绿色滑块控制条向上拖动至1.5，如图2-50所示。

图2-50

05 操作完成后可预览查看效果。

2.10
自定义曲线——夏日光影调色

"自定义曲线"为每个片段的YRGB通道都提供了平滑的调节，使得用户能够精确控制画面的色彩和亮度，调色效果如图2-51所示。

图2-51

01 启动达芬奇软件，打开"夏日光影"项目文件，在预览窗口可以查看项目效果，如图2-52所示。

图2-52

02 切换至"调色"界面，打开"曲线-自定义"面板，如图2-53所示。

图2-53

03 在曲线合适的位置单击，添加控制点，如图2-54所示。

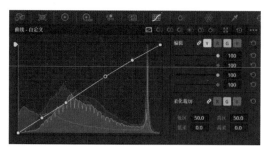

图2-54

04 长按鼠标左键拖动控制点，观察预览窗口中的画面颜色，至合适位置后释放鼠标左键，随后在右侧的"编辑"板块对照画面效果调节参数，如图2-55所示。

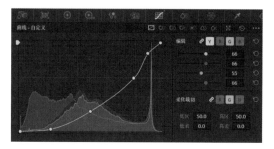

图2-55

05 执行操作后，可以在预览窗口看到最终的画面效果。

提示：

曲线编辑器中的横坐标表示图像的明暗程度，最左边为暗（黑色），最右边为明（白色），纵坐标表示色调。曲线编辑器中有一条对角白线，在白线上单击可以添加控制点，以此线为界限，往左上范围拖动控制点，可以提高图像画面的亮度，往右下范围拖动控制点，可以降低图像画面的亮度，可以理解为左上为明，右下为暗。当需要删除控制点时，在控制点上右击即可。在曲线控制器中，有Y、R、G和B这4个颜色按钮，分别对应按钮下方的4个曲线调节通道，可以通过左右拖动Y、R、G、B通道上的圆点滑块调整色彩参数。在面板中有一个联动按钮，默认状态下该按钮是开启状态，当拖动任意一个通道上的滑块时，会同时调整改变其他4个通道的参数。只有将联动按钮关闭，才可以在面板中单独选择某一个通道进行调整操作。在下方的柔化裁切区，可以通过输入参数值或单击参数文本框，向左拖动降低数值或向右拖动数值，调节RGB柔化高低。

2.11 色相对色相——秋季落叶调色

在"曲线-色相 对 色相"面板中，曲线为横向水平线，从左向右的色彩范围为红、绿、蓝、红，曲线允许用户将一种色相转变为另一种色相。通过调整色相，用户可以改变图像中颜色的基本色调。图2-56所示为调色前后的效果图。

图2-56

01 启动达芬奇软件，打开"秋季落叶"项目文件，在预览窗口可以查看项目效果，如图2-57所示。

图2-57

02 切换至"调色"界面，在"曲线-自定义"面板中，单击"色相 对 色相"按钮，展开"曲线-色相 对 色相"面板，如图2-58所示。

03 在"曲线-色相 对 色相"的面板上，找到红色交界线与黄色交界线，在此分别打上控制点，如图2-59所示。

图2-58

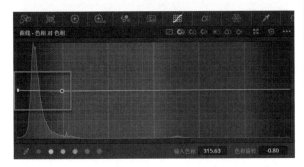

图2-59

04 按住鼠标左键单击第一个红色控制点，一边向上拖动一边观察"检视器"面板的素材效果，至合适位置后释放鼠标左键，如图2-60所示。

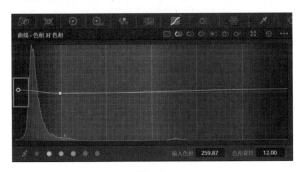

图2-60

05 按住鼠标左键单击第二个黄色控制点，一边向下拖动一边观察"检视器"面板的素材效果，至合适位置后释放鼠标左键，如图2-61所示。

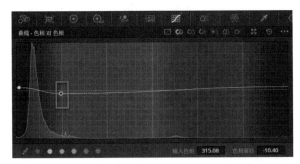

图2-61

06 执行操作后，可以在预览窗口看到最终的画面效果。

> **提示：**
> "曲线-色相 对 色相"面板的下方有6个颜色色块，单击其中任意一个颜色色块，曲线编辑器的曲线上会自动在相应色相范围内添加3个控制点，两端的控制点用来固定色相边界，中间的控制点用来调节色相。当然，两端的控制点也是可以调节的，用户可以根据需求调节相应控制点。

2.12
色相对饱和度——油菜花调色

"曲线-色相 对 饱和度"较"曲线-色相 对 色相"相差不大，但效果不同，"曲线-色相 对 饱和度"允许用户根据图像中的色相来选择性地改变对应颜色的饱和度，使图像色彩更加丰富或柔和。图2-62所示为调色前后对比图。

图2-62

01 启动达芬奇软件，打开"油菜花"项目文件，在预览窗口可以查看项目效果，如图2-63所示。

02 切换至"调色"界面，如图2-64所示。可以通过"曲线-色相 对 饱和度"面板调整画面中黄色的饱和度与绿色饱和度。

图2-63

图2-64

03 在"曲线-自定义"面板中，单击"色相 对 饱和度"按钮 ，展开"曲线-色相 对 饱和度"面板，如图2-65所示。

图2-65

04 在面板的下方单击黄色色块，执行操作后，即可在曲线编辑器上添加3个控制点，如图2-66所示。

图2-66

05 长按鼠标左键选中第2个控制点，按住鼠标左键将其向上方拖动，至合适位置后释放鼠标左键，如图2-67所示。

图2-67

06 长按鼠标左键选中第3个控制点，按住鼠标左键将其向上方拖动，至合适位置后释放鼠标左键，如图2-68所示。

图2-68

07 执行操作后可以在预览窗口中可以查看最终的画面效果。

2.13
饱和度对饱和度——荷花调色

达芬奇软件中的"曲线-饱和度 对 饱和度"面板为用户提供了强大的饱和度调整功能，通过精细的曲线控制，可以实现对图像饱和度的精确调整和优化。图2-69所示为调色前后对比。

图2-69

图2-69（续）

01 启动达芬奇软件，打开"荷花"项目文件，如图2-70所示。在预览窗口中，查看打开的项目效果，如图2-71所示。

图2-70

图2-71

02 切换至"调色"界面，在"曲线-自定义"面板中，单击"饱和度 对 饱和度"按钮 ，展开"曲线-饱和度 对 饱和度"面板，如图2-72所示。

图2-72

03 在水平曲线的中间位置单击添加一个控制点，以此为分界点，左边为低饱和区，右边为高饱和区，如图2-73所示。

图2-73

> **提示：**
>
> 　　在"曲线-饱和度 对 饱和度"面板中的水平曲线上添加一个控制点作为分界点，这样在调节低饱和区时，不会影响高饱和区，反之，在调节高饱和区时，不会影响低饱和区。

04 在低饱和区的曲线上单击，再次添加一个控制点，如图2-74所示。

图2-74

05 按住鼠标左键选中添加的控制点并向上拖动，直至下方面板中的"输入饱和度"参数显示为0.17、"输出饱和度"显示为1.72，如图2-75所示，在预览窗口中可以查看提高饱和度后的效果。

图2-75

2.14
胶片外观创作器——复古胶片调色

达芬奇19版本同时还更新了"胶片外观创作器"功能，旨在帮助用户快速创建具有电影胶片质感的画面风格，除此之外还能够在同一效果内部添加多种胶片特有的视觉效果，如色彩分离、暗角、胶片光晕、泛光、胶片颗粒、闪烁、片门摆动等，从而增强画面的电影感和复古感。下面介绍胶片外观创作器的具体操作方法，图2-76所示为调色前后的效果对比。

图2-76

01 启动达芬奇软件，打开"胶片外观创作器"项目文件，进入"调色"界面，如图2-77所示。

图2-77

02 进入"特效库"面板，在"搜索栏"中输入并搜索"胶片外观创作器"，如图2-78所示，拖动至节点01。

03 单击节点01，进入"特效库"面板，在"预设"中选择"电影感"选项，如图2-79所示。

图2-78

图2-79

04 在"色彩设置"中设置"曝光"为0.3、"减色法饱和度"为1.156，如图2-80所示。

图2-80

05 执行操作后，在预览窗口可以查看最终效果，如图2-81所示。

图2-81

> **提示：**
> 胶片外观创作器作为达芬奇新出的功能，我们除了可以通过"预设"快速调整胶片外观参数外，也可以通过调整"色彩设置""暗角""胶片光晕"等选项进行更精确的调色把控。

第 3 章
局部调色：对局部画面进行二级调色

达芬奇调色系统提供了强大的局部调色工具，局部调色是在整体调色的基础上，对画面的特定区域进行精确的调整，可用于修复画面瑕疵、调整特定物体的颜色或亮度、突出画面中的关键元素等。

3.1
HSL 限定器——新鲜水果调色

HSL限定器允许用户根据图像的色相、饱和度和亮度来限制和调整画面中的特定区域，通过使用采样滴管可以仔细调整HSL参数，以实现高质量的抠像和调色效果。下面介绍具体操作方法，图3-1所示为调色前后对比。

图3-1

01 启动达芬奇软件，打开"新鲜水果调色"项目文件，进入"调色"界面，如图3-2所示。

02 单击"限定器"按钮，展开"限定器-HSL"面板，如图3-3所示。

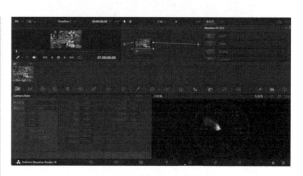

图3-2

图3-3

03 将光标移至"检视器"面板右上方"更多"按钮处，如图3-4所示，在下拉菜单中选择"突出显示"选项，如图3-5所示。

图3-4

图3-5

04 在"检视器"面板中长按鼠标左键拖动选取黄色区域,此时未被选取的区域呈灰色,如图3-6所示。

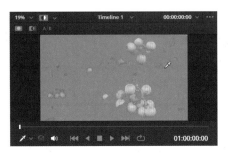

图3-6

05 完成抠像后,切换至"曲线-色相 对 色相"面板,单击黄色色块,在曲线上添加3个控制点,并长按鼠标左键将第2和第3个控制点向上拖动,直至"输入色相"参数显示为296.13、"色相旋转"参数显示为19.95,如图3-7所示。

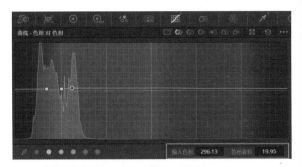

图3-7

06 执行操作后,即可将枇杷颜色变为橙色,再次选择"突出显示"选项,如图3-8所示,即可恢复未被选取的区域的颜色,查看最终画面内效果。

图3-8

3.2
亮度限定器——唯美光束调色

达芬奇亮度限定器允许用户通过亮度通道精确选择和处理画面中的特定区域,通过调整亮度低区/高区以及柔化参数,用户可以创建出精确的选区,并进行针对性的亮度调色处理。下面介绍具体操作方法,图3-9所示为调色前后对比。

图3-9

01 启动达芬奇软件,打开"唯美光束"项目文件,进入"调色"界面,如图3-10所示。

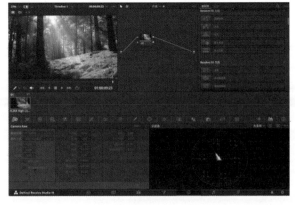

图3-10

02 单击"限定器"按钮,展开"限定器-HSL"面板,在面板中单击"亮度"按钮 ,展开"限定器-亮度"面板,如图3-11所示。

图3-11

03 将光标移至"检视器"面板右上方"更多"按钮处 ，在下拉菜单中选择"突出显示"选项，如图3-12所示。

图3-12

04 在预览窗口中，长按鼠标左键拖动选取画面中最亮的一处，同时相同亮度范围内的画面区域也会被选取，如图3-13所示。

图3-13

05 完成抠像后，切换至"一级-校色轮"面板，长按鼠标左键向右拖动"亮部"色轮下方的轮盘，直至参数显示为1.16，在面板的下方设置"高光"为25，如图3-14所示。执行操作后，在预览窗口中可以查看最终效果。

图3-14

3.3
RGB 限定器——元宵灯笼调色

达芬奇RGB限定器允许用户根据R、G、B三个原色通道的值来抠像，可以帮助用户解决图像上RGB色彩分离的情况。下面介绍具体操作方法，图3-15所示为调色前后对比。

图3-15

01 启动达芬奇软件，打开"元宵灯笼"项目文件，进入"调色"界面，如图3-16所示。

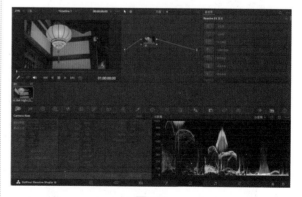

图3-16

02 在预览窗口中，可以查看打开的项目效果，如图3-17所示，画面中的灯笼灯光呈现为黄色而不是红色，可以使用RGB限定器，在不改变画面中其他部分的情况下将灯笼变红。

图3-17

03 单击"限定器"按钮，展开"限定器-HSL"面板，在该面板中单击"RGB"按钮，如图3-18所示，展开"限定器-RGB"面板。

图3-18

04 将光标移至"检视器"面板右上方"更多"按钮处，在下拉菜单中选择"突出显示"选项，如图3-19所示。

图3-19

05 在预览窗口中，长按鼠标左键拖动选取灯笼区域，此时未被选取的区域呈灰色显示，如图3-20所示。

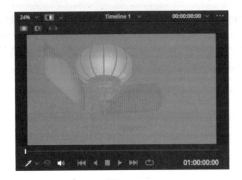

图3-20

06 完成抠像后，展开"曲线"面板，选择"曲线-色相 对 色相"面板，单击黄色色块，在曲线上添加1个控制点，直至"输入色相"显示为326.12、"色相旋转"显示为15.20，如图3-21所示，执行操作后，在预览窗口中可以查看画面最终效果。

图3-21

3.4
3D 限定器——浪漫玫瑰调色

达芬奇3D限定器允许用户对3D图像素材进行调色，只需在"检视器"画板的预览窗口画一条线，选取需要进行抠像的画面，即可进行3D键控。下面介绍具体操作方法，图3-22所示为调色前后对比。

图3-22

01 启动达芬奇软件，打开"浪漫玫瑰"项目文件，进入"调色"界面，如图3-23所示。

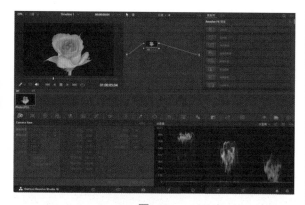

图3-23

02 单击"限定器"按钮 ，展开"限定器-HSL"面板，在该面板中单击"3D"按钮 ，展开"限定器-3D"面板，如图3-24所示。

图3-24

03 在"限定器-3D"面板中，单击"拾取器"按钮 ，在预览窗口的色彩画面上画一条线，如图3-25所示。

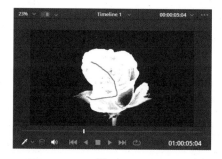

图3-25

04 执行操作后，即可将采集到的颜色显示在"限定器-3D"面板中，创建色块选区，如图3-26所示。

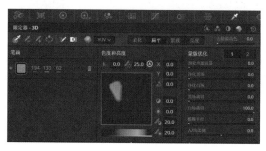

图3-26

05 将光标移至"检视器"面板右上方"更多"按钮处 ，在下拉菜单中选择"突出显示"选项，如图3-27所示，即可在"检视器"面板中查看被选取的区域画面，如图3-28所示。

图3-27

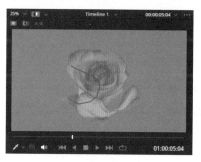

图3-28

06 切换至"一级-校色轮"面板，鼠标左键长按"亮部"色轮向右拖动至1.17，释放鼠标右键，同时设置"色相"为57.8，如图3-29所示。执行操作后，可在预览窗口中查看最终效果，如图3-30所示。

图3-29

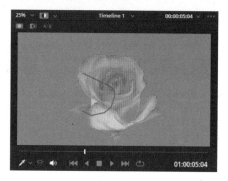

图3-30

3.5
窗口蒙版——城市建筑调色

达芬奇窗口蒙版支持多种类型，包括四边形、圆形、多边形等，通过绘制窗口，可以隔离出画面中的某个区域，然后对该区域进行色彩校正、曝光调整、视觉效果的应用等。下面介绍具体操作方法，图3-31所示为调色前后对比。

图3-31

01 启动达芬奇软件，打开"城市建筑"项目文件，进入"调色"界面，如图3-32所示。

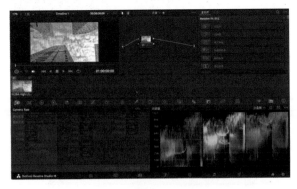

图3-32

02 单击"窗口"按钮，展开"窗口"面板，如图3-33所示。

03 在"窗口"面板中选择"多边形"工具，如图3-34所示。

图3-33

图3-34

04 执行操作后，"检视器"面板上的画面会出现一个矩形蒙版，如图3-35所示。

图3-35

05 长按鼠标左键拖动蒙版四周的控制柄，调整蒙版的位置和大小，如图3-36所示。

图3-36

06 参照步骤03～05，建立两个蒙版，调整好位置和大小后如图3-37所示。

07 执行操作后，展开"一级-校色轮"面板，拖动"中灰"的滚轮至-0.05后松开鼠标左键，将"偏移"处的红色、绿色、蓝色分别设置为13.5、23.83、

36.05，如图3-38所示。完成操作后，可在"检视器"面板中查看预览效果，如图3-39所示。

图3-37

图3-38

图3-39

3.6
跟踪功能——沙漠旅拍调色

达芬奇软件的跟踪功能可以追踪视频中的物体或特征点，实时地确定物体的形状、位置和运动轨迹。下面介绍具体操作方法，图3-40所示为调色前后对比。

图3-40

图3-40（续）

01 启动达芬奇软件，打开"沙漠旅拍"项目文件，切换至"调色"界面，如图3-41所示。

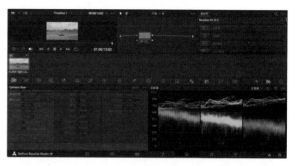

图3-41

02 在"窗口"面板中选择"多边形"工具，如图3-42所示。

图3-42

03 在预览窗口沿汽车边缘绘制一个蒙版遮罩，如图3-43所示。

图3-43

04 创建选区之后，切换至"一级-校色轮"面板，拖

47

动"亮部"的白色圆点至红色、绿色、蓝色处的数值为0.77、1.03、1.39，如图3-44所示。

图3-44

05 在"检视器"面板中，单击"播放"按钮▶播放视频，在预览窗口中可以看到，当画面中汽车的位置发生变化时，绘制的蒙版依旧停留在原处，蒙版位置没有发生任何变化。此时汽车与蒙版分离，调整后的效果只用于蒙版选区，分离后的汽车便恢复了原样，如图3-45所示。

图3-45

06 单击"跟踪器"按钮⊕，展开"跟踪器"面板，在面板的下方勾选"交互模式"复选框，单击"插入"按钮▦，如图3-46所示。

图3-46

07 在面板的上方，单击"向后跟踪"按钮◀，如图3-47所示。

08 执行操作后，即可在曲线图上查看跟踪对象曲线的变化数据，如图3-48所示。

图3-47

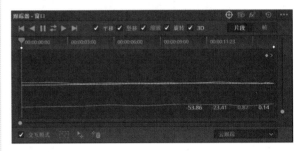

图3-48

09 在"检视器"面板中，单击"播放"按钮▶播放视频，即可查看添加跟踪器后的蒙版效果，如图3-49所示。

图3-49

3.7
Alpha 通道——落日余晖调色

达芬奇软件的Alpha通道可以帮助用户精确控制

图像中不同部分的不透明度和可见性。下面介绍具体操作方法，图3-50所示为调色前后对比。

图3-50

01 启动达芬奇软件，打开"落日余晖"项目文件，进入"调色"界面，如图3-51所示。

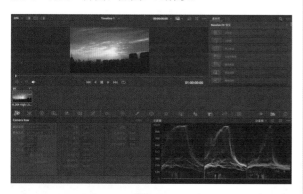

图3-51

02 在"检视器"面板中，查看打开的项目效果，如图3-52所示，下面为该视频制作暗角效果。

图3-52

03 展开"窗口"面板，选择"圆形"工具，如图3-53所示。

图3-53

04 在预览窗口中，长按鼠标左键拖动圆形蒙版蓝色方框上的控制柄，调整蒙版大小和位置，如图3-54所示。

图3-54

05 长按鼠标左键拖动蒙版白色圆框上的控制柄，调整蒙版羽化区域，如图3-55所示。

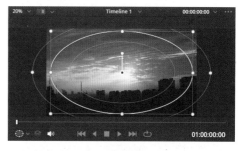

图3-55

06 窗口绘制完成后，在界面右上角单击"节点"按钮，展开"节点"面板，如图3-56所示。

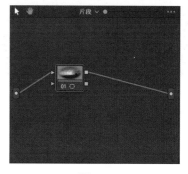

图3-56

07 将01节点上的"键输入"与"源"相连，如图3-57所示。

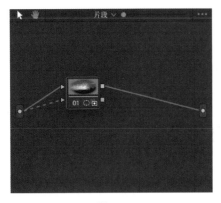

图3-57

08 右击"节点"面板的空白位置，在弹出的快捷菜单中选择"添加Alpha输出"选项，如图3-58所示。

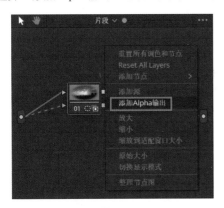

图3-58

09 执行操作后，即可在面板上添加一个"Alpha最终输出"图标，如图3-59所示。

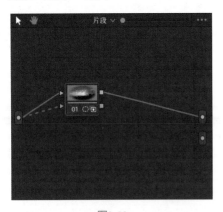

图3-59

10 将01节点上的"键输出"与"Alpha最终输出"相连，如图3-60所示。

11 在预览窗口中，可以查看应用Alpha通道的初步效果，如图3-61所示。

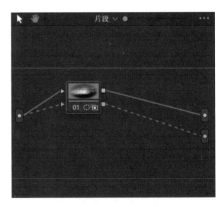

图3-60

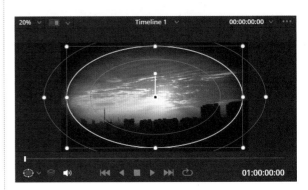

图3-61

12 单击"键"按钮，切换至"键"面板，在"键输入"下方设置"增益"为0.98、"偏移"为-0.066，如图3-62所示。执行操作后，即可在预览窗口查看最终的画面效果。

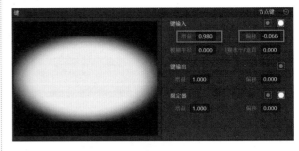

图3-62

3.8
神奇遮罩——海边人像调色

达芬奇软件神奇遮罩能够自动识别图像中特定对象（如人体、物体等），通过简单的笔画或选择，用户可以轻松选择画面中的特定区域，进行精确的调色。下面介绍具体操作方法，图3-63所示为调色前后对比。

图3-63

01 启动达芬奇软件，打开"海边人像"项目文件，进入"调色"界面，如图3-64所示。

图3-64

02 单击"节点"按钮，打开"节点"面板，右击，在弹出的快捷菜单中选择"添加串行节点"选项，如图3-65所示。

图3-65

03 单击"神奇遮罩"按钮，进入"神奇遮罩"面板。在面板中单击"人体遮罩"按钮，展开"神奇遮罩-人体"面板，如图3-66所示。

04 在"检视器"面板画面上对准人体画一条线，如图3-67所示。

图3-66

图3-67

> **提示：**
>
> 达芬奇软件"神奇遮罩"分为"物体遮罩"与"人体遮罩"，两者的区分在于"物体遮罩"无论在"检视器"面板绘制多少笔画，都只生成一条统一的跟踪数据；而"人体遮罩"在"检视器"面板上绘制的每一笔画都将被独立跟踪，并生成独立的跟踪数据。

05 单击"开关遮罩的叠加状态"按钮，软件将自动计算合成人像遮罩，如图3-68所示。

图3-68

06 单击"正向跟踪"按钮，软件将进行跟踪计算，如图3-69所示。

图3-69

07 跟踪完成后，切换至"一级-校色轮"面板，拖动"亮部"的小圆点至下方的白色、红色、绿色、蓝色数值分别为1.07、0.96、1.10、1.16，如图3-70所示。

图3-70

08 切换至01节点，到"一级-校色轮"面板，设置"色温"为-190，拖动"亮部"的圆点至下方的白色、红色、绿色、蓝色数值分别为1.11、1.04、1.11、1.30，如图3-71所示。

图3-71

09 执行操作后，即可在预览窗口查看最终的画面效果。

3.9
矫正肤色——室内人像调色

达芬奇软件的矢量图示波器可以观察人物肤色指示线，用户可以依据肤色指示线修复人物肤色。下面介绍具体操作方法，图3-72所示为调色前后对比。

图3-72

图3-72（续）

01 启动达芬奇软件，打开"矫正肤色"项目文件，进入"调色"界面，如图3-73所示。

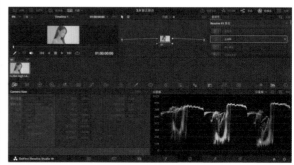

图3-73

02 单击"节点"按钮，打开"节点"面板，按快捷键Alt+S添加串行节点02和03，如图3-74所示。

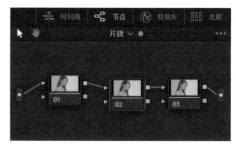

图3-74

03 右击节点01，在弹出的快捷菜单中选择"节点标签"选项，并输入"整体"，如图3-75所示。

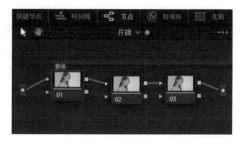

图3-75

04 参照步骤03，分别为节点02和节点03输入节点标签"肤色"和"美颜"，如图3-76所示。

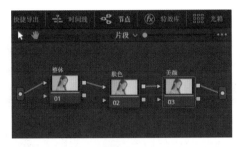

图3-76

05 单击节点01，进入"曲线-自定义"面板，在曲线上调整两个控制点的位置，如图3-77所示，使画面更加柔和，明暗更有层次。

图3-77

06 进入"一级-校色轮"面板，在面板中部设置"暗部"为-0.02、"中灰"为0.03、"亮部"为1.07，在面板下部设置"高光"为-4.5，如图3-78所示。

图3-78

07 单击节点02，展开"限定器-HSL"面板，将光标移至"检视器"面板左上方，单击"省略"按钮 ···，再选择"突出显示"选项，如图3-79所示。

图3-79

08 鼠标左键长按人物面部至面部区域取样完全，松开鼠标左键，如图3-80所示。

图3-80

09 打开"矢量图"面板，如图3-81所示。

图3-81

10 进入"一级-校色轮"面板，一边观察"矢量图"中肤色矫正线，一边在"中灰"中长按鼠标左键拖动白色圆点至人物面部肤色不再发黄，"中灰"参数分别为0.00、-0.03、0.00、0.05，如图3-82所示。

图3-82

提示：

　　"肤色矫正线"指的是达芬奇软件"调色"界面中"矢量图"上显示的一条指示线，这条线定义了一个适用于大多数人的自然肤色区域，借助肤色矫正线，可以快速识别并调整肤色，提高调色工作效率。

11 单击节点03，在"特效库"中输入并搜索"美颜（磨皮）"，根据画面适当调整参数，如图3-83所示。

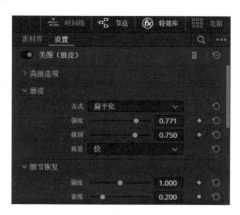

图3-83

12 执行操作后，即可在预览窗口查看最终的画面效果。

3.10
美颜瘦脸——人物面部调色

达芬奇软件的"调色"界面中还具备美颜瘦脸功能，下面介绍具体操作方法。图3-84所示为调色前后对比。

图3-84

01 启动达芬奇软件，打开"美颜瘦脸"项目文件，进入"调色"界面，如图3-85所示。

02 单击"节点"按钮 ，打开"节点"面板，按快捷

键Alt+S添加串行节点02、03、04，如图3-86所示。

图3-85

图3-86

03 右击节点01，在弹出的快捷菜单中选择"节点标签"选项，并输入"整体"，如图3-87所示。

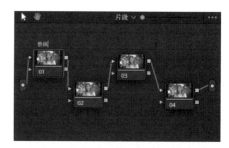

图3-87

04 参照步骤03，分别为节点02、节点03和节点04输入节点标签"肤色""美颜"和"瘦脸"，如图3-88所示。

图3-88

05 单击节点01，进入"曲线-自定义"面板，在曲线上调整两个控制点的位置，如图3-89所示，使画面更加柔和，明暗更有层次。

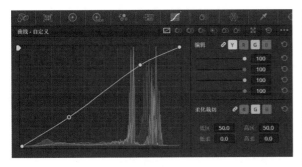

图3-89

06 进入"一级-校色轮"面板，在面板中部设置"暗部"为-0.02、"亮部"为1.03，在面板下部设置"阴影"为-12.5、"高光"为6.5，如图3-90所示。

图3-90

07 单击节点02，展开"限定器-HSL"面板，将光标移至"检视器"面板左上方，单击"省略"按钮 ，选择"突出显示"选项，如图3-91所示。

图3-91

08 鼠标左键长按人物面部至面部区域取样完全，松开鼠标左键，如图3-92所示。

图3-92

09 进入"窗口"面板，选择"圆形"窗口，在"检视器"面板中调整并拖动圆形窗口至适当位置，如图3-93所示。

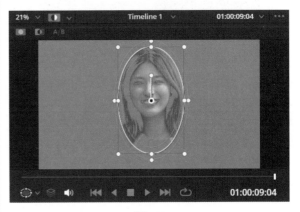

图3-93

10 打开"矢量图"面板，如图3-94所示。

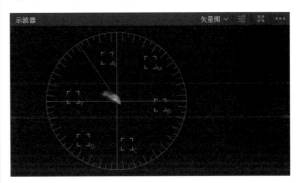

图3-94

11 进入"一级-校色轮"面板，一边观察"矢量图"中肤色矫正线，一边长按鼠标左键在面板中部中拖动"暗部""中灰""亮部"的白色圆点至人物面部肤色不再发黄，"暗部""中灰""亮部"参数设置如图3-95所示。

图3-95

12 单击节点03，在"特效库"中输入并搜索"美颜（磨皮）"，根据画面适当调整参数，如图3-96所示。

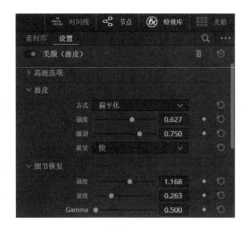

图3-96

13 单击节点04，在"特效库"中搜索"变形器"，随后将光标移动至"检视器"面板中人物需要瘦脸的区域，为其打上圆点，长按鼠标左键拖动圆点即可为人物面部瘦脸，如图3-97所示。

图3-97

14 执行操作后，即可在预览窗口查看最终的画面效果。

> **提示：**
>
> 　　达芬奇软件中的"变形器"允许用户通过调整图像中的控制点来改变图像的形状，在使用时，为了保护图像的重要部位（如眼睛、鼻子等）不变形，可以在这些部位按住Shift键单击打上保护点。

3.11
人物抠像——人物背景置换

　　在达芬奇软件中，我们可以使用神奇遮罩功能进行人物抠像，再到轨道上加背景，完成人物背景置换。下面介绍具体操作方法，图3-98所示为调色前后对比。

图3-98

01 启动达芬奇软件，打开"人物背景置换"项目文件，进入"调色"界面，如图3-99所示。

图3-99

02 进入"神奇遮罩"面板，单击"人体遮罩"按钮██进入"神奇遮罩-人体"面板，再单击点亮"开/关遮罩的叠加状态"按钮██，如图3-100所示。

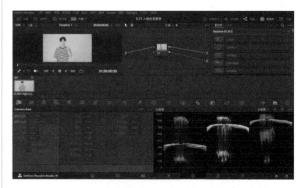

图3-100

03 将光标移至"检视器"面板，长按鼠标右键画出一条蓝色的线，代表框选人体区域，如图3-101所示。

图3-101

04 进入"神奇遮罩"面板，在"质量"中选择"更好"选项，再单击"正向跟踪"按钮▶，等待软件计算，如图3-102所示。

图3-102

05 计算完成后，检查遮罩效果，如果有缺漏部分便在"检视器"面板上加笔画再次跟踪计算，如图3-103所示。

图3-103

06 待遮罩制作完成后，回到"剪辑"界面，长按鼠标左键将素材"公寓背景"拖动至视频轨道 1中，如图3-104所示。

图3-104

07 执行操作后，即可在预览窗口查看最终的画面效果。

3.12
色彩切割——夏季树林调色

达芬奇19版本引入了令人瞩目的新功能"色彩切割"，该功能将360°的圆形色相轮切割成了不同区块，一个区块代表一个色彩范围，用户可以针对视频画面中的某一色彩进行修改，相较于限定器实现了更简单高效的色彩调整。下面介绍色彩切割的具体操作方法，图3-105所示为调色前后的效果对比。

图3-105

01 启动达芬奇软件，打开"色彩切割"项目文件，进入"调色"界面，如图3-106所示。

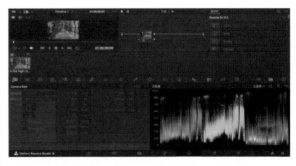

图3-106

02 在调色工具栏中找到"色彩切割"按钮，单击进入"色彩切割"面板，如图3-107所示。

03 在"检视器"面板中找到"省略"按钮，单击该按钮后在下拉菜单中选择"突出显示"选项，如图3-108所示。

图3-107

图3-108

04 在"色彩切割"面板中找到"黄色"色相区域，设置"中心"为-0.17、"色相"为-0.38、"密度"为-0.10、"深度"为1.51，如图3-109所示。

图3-109

05 找到"绿色"色相区域，设置"中心"为0.05、"色相"为-0.55，如图3-110所示。

图3-110

06 关闭"突出显示"，即可在预览窗口可以查看最终效果，如图3-111所示。

图3-111

> **提示：**
>
> 在达芬奇软件的"色彩切割"功能中，存在"密度"与"深度"两个色彩概念。"密度"是用于调整色彩明暗程度的参数，虽然这个词在胶片时代与胶卷上金属银颗粒的密度有关，但在达芬奇软件中，它代表了对色彩亮度的一种非线性调整。"深度"用于调整色彩区域的对比度变化。

3.13
散焦背景——人物背景模糊

达芬奇19版本的新功能"散焦背景"允许用户通过模糊背景来突出前景主题，这一功能特别适用于商业广告、人物访谈、电影制作等场景。下面介绍散焦背景的具体操作方法，图3-112所示为调色前后的效果对比。

图3-112

01 启动达芬奇软件，打开"散焦背景"项目文件，进入"调色"界面，如图3-113所示。

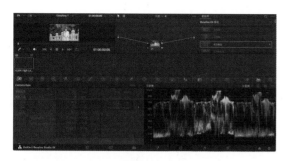

图3-113

02 在调色工具栏中找到并单击"神奇遮罩"按钮，进入"神奇遮罩"面板，在面板中单击"人体遮罩"按钮 ，展开"神奇遮罩-人体"面板，如图3-114所示。

图3-114

03 在"检视器"面板画面上对准人体画一条线，如图3-115所示。

图3-115

04 单击"开关遮罩的叠加状态"按钮 ，软件将自动计算合成人像遮罩，如图3-116所示。

图3-116

05 单击"正向跟踪"按钮 ，软件将进行跟踪计算，如图3-117所示。

图3-117

06 跟踪完成后，进入"特效库"面板，在"搜索栏"中输入并搜索"散焦背景"，如图3-118所示，拖动至节点01。

图3-118

07 单击节点01，在"特效库"面板中调整"模糊"为0.725，如图3-119所示。

图3-119

08 执行操作后，在预览窗口可以查看最终效果，如图3-120所示。

图3-120

> 提示：
> 人物遮罩跟踪是"散焦背景"效果使用的前提条件，否则该效果将无法显示。

第4章
色彩风格：火爆全网的8种调色风格

达芬奇调色软件以其强大的功能和灵活的操作，赢得了众多影视后期制作者的青睐。本章将深入剖析如何使用达芬奇调色工具，制作出火爆全网的8种经典调色风格。

4.1
赛博朋克——科技感都市

赛博朋克色调以其独特的色彩搭配和视觉效果，成为了科幻文化领域的重要组成部分。其主色调以冷色调的青色、蓝色、紫色为主，这些颜色通常饱和度较高，展现了未来科技的魅力和神秘感。下面介绍具体操作方法，图4-1所示为调色前后对比。

图4-1

01 启动达芬奇软件，打开"科技感都市"项目文件，进入"调色"界面，如图4-2所示。

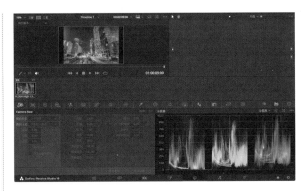

图4-2

02 在界面右上方单击"节点"按钮，展开"节点"面板，如图4-3所示。

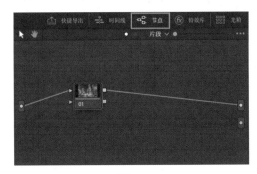

图4-3

03 按快捷键Alt+S新建一个串行节点，如图4-4所示。

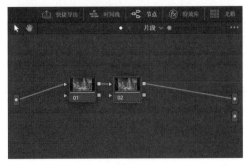

图4-4

04 在节点01中，单击"色轮"按钮 ，进入"一级-校色轮"面板，在面板上方调整"色温"为−1010、"色调"为20、"对比度"为1.344，如图4-5所示。

所示。

图4-5

> **提示：**
>
> 　　快捷键Alt+S代表添加串行节点，快捷键Ctrl+D代表启用/禁用所选节点，这两个快捷键操作在调色中十分常用。

05 接着按住鼠标右键拖动"暗部"滚轮至−0.08、拖动"中灰"滚轮至0.02、拖动"亮部"滚轮至0.86，如图4-6所示。

图4-6

06 在面板下方调整"饱和度"为56，如图4-7所示。

图4-7

07 单击节点02，进入"一级-校色轮"面板，将"亮部"控制点向紫色方向拖动至白色、红色、绿色、蓝色数值为1.00、1.18、0.93、1.15，如图4-8

图4-8

08 单击"曲线"按钮 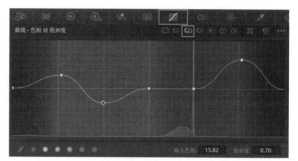，再单击"曲线-色相 对 饱和度"按钮 ，进入"曲线-色相 对 饱和度"面板，拉高黄色饱和度和紫色饱和度，降低绿色饱和度，如图4-9所示。

图4-9

09 单击"特效库"按钮 ，进入"特效库"面板，输入并搜索"镜头反射"，如图4-10所示。

图4-10

10 按住鼠标左键拖动"镜头反射"效果至"节点"面板，此时"节点"面板将生成节点03，如图4-11所示。

11 将节点02的末端与03的开端连接，如图4-12所示。

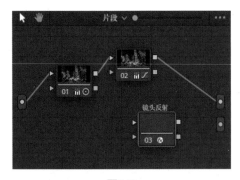

图4-11

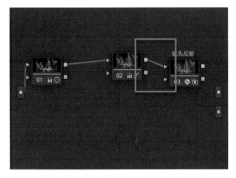

图4-12

⓬ 按快捷键Alt+S再新建一个串行节点，如图4-13所示。

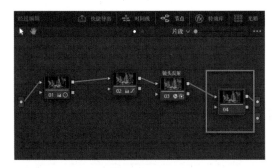

图4-13

⓭ 单击"色彩扭曲器"按钮██，进入"色彩扭曲器-色相-饱和度"面板，拖动紫色区域与蓝色区域的锚点至适当位置，如图4-14所示。

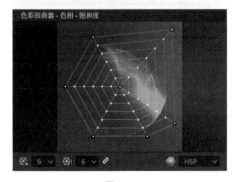

图4-14

⓮ 执行操作后，即可在预览窗口查看最终的画面效果，如图4-15所示。

图4-15

> 提示：
>
> 达芬奇软件里的色彩扭曲器允许用户将控制点从一个位置"扭曲"到另一位置，从而同时调整两个颜色属性："色相-饱和度""色度-亮度"，这种双重调整能力使得色彩调整更加精细和灵活。

4.2 青橙色调——电影感旅拍

青橙色调的主要特点是将画面中的冷色调统一为青蓝色，暖色调统一为红橙色，从而在画面中形成强烈的冷暖对比。下面介绍具体操作方法，图4-16所示为调色前后对比。

图4-16

01 启动达芬奇软件，打开"电影感旅拍"项目文件，进入"调色"界面，如图4-17所示。

图4-17

02 在界面右上方单击"节点"按钮 ，展开"节点"面板，如图4-18所示。

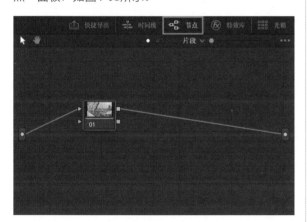

图4-18

03 按快捷键Alt+S再新建四个串行节点，如图4-19所示。

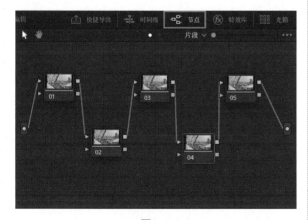

图4-19

04 单击节点01，再单击"RGB混合器"按钮 ，进入"RGB混合器"面板，在"蓝色输出"中设置绿色为0.8、蓝色为0.2，如图4-20所示。

图4-20

05 进入"曲线—自定义"面板，单击曲线建立两个控制点，并拖动控制点适度更改画面明暗对比，如图4-21所示。

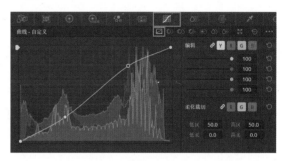

图4-21

06 单击节点02，进入"RGB混合器"面板，在"红色输出"中调整绿色为0.5、蓝色为-0.5，如图4-22所示。

图4-22

07 单击节点03，单击"色彩扭曲器"按钮，进入"色彩扭曲器-色相-饱和度"面板，压缩紫色和绿色的锚点，扩展橙色与蓝色的锚点至适当位置，如图4-23所示。

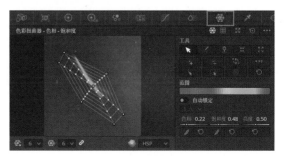

图4-23

08 单击节点04，进入"一级-校色轮"面板，降低红色的"暗部"与"亮部"，提升绿色与蓝色的"暗部"与"亮部"，具体数值如图4-24所示。

图4-24

09 单击节点05，进入"曲线-色相 对 饱和度"面板，长按鼠标左键提升黄色饱和度，如图4-25所示。

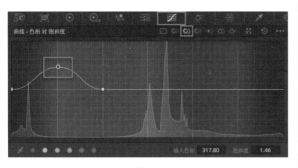

图4-25

10 执行操作后，即可在预览窗口查看最终的画面效果，如图4-26所示。

图4-26

> **提示：**
>
> "曲线-色相 对 饱和度"面板横坐标表示色相，纵坐标表示饱和度。该标签页用于调整指定色相的饱和度。

4.3
黑金色调——城市的夜晚

黑金色调将深邃的黑色和闪耀的金色巧妙地结

合在一起，在调色上应注意降低除黑色、金色之外的其他颜色饱和度，统一色调，调整色温。下面介绍具体操作方法，图4-27所示为调色前后对比。

图4-27

01 启动达芬奇软件，打开"城市的夜晚"项目文件，进入"调色"界面，如图4-28所示。

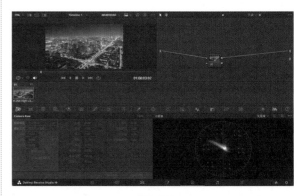

图4-28

02 按快捷键Alt+S再新建四个串行节点，如图4-29所示。

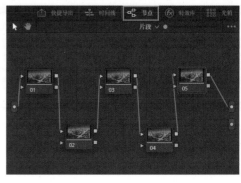

图4-29

03 单击节点01，再单击"色轮"按钮 ⊙ ，进入"一级-校色轮"面板，增强"对比度"至1.318，鼠标左键拖动"暗部"滚轮至0.04、拖动"中灰"色轮至0.01、拖动"亮部"色轮至0.96，调整"高光"至-14，如图4-30所示。

图4-30

04 单击"曲线"按钮 ✐ ，进入"曲线—自定义"面板，在曲线上添加两个控制点，（用鼠标拖动曲线）更改画面明暗对比，如图4-31所示。

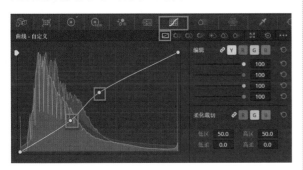

图4-31

05 单击节点02，再单击"曲线"按钮，进入"曲线-色相 对 饱和度"面板，为每一个颜色区域分别增加控制点，降低除黄色以外的所有颜色的饱和度，去除多余杂色，如图4-32所示。

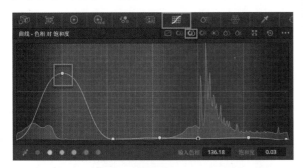

图4-32

06 进入"曲线-色相 对 色相"面板，为黄色区域增加控制点，适当提升黄色色相，如图4-33所示。

图4-33

提示：

　　"曲线-色相 对 色相"面板横坐标表示当前色相，纵坐标表示新的色相，可以精准地对某个色相进行改变。

07 进入"曲线-色相 对 亮度"面板，为蓝色区域增加控制点，适当降低紫色的亮度，如图4-34所示。

图4-34

08 单击节点03，再单击"色彩扭曲器"按钮，进入"色彩扭曲器-色相-饱和度"面板，用鼠标拖动橙色控制点至黄色区域出现偏移，如图4-35所示。

图4-35

提示：

　　"曲线-色相 对 亮度"面板的横坐标表示色相，纵坐标表示亮度。该标签页用于调整指定色相的亮度值。

09 单击节点04，再单击"色轮"按钮，进入"一级-校色轮"面板，将"色温"提升至920、"色调"提升至11.5，如图4-36所示。

图4-36

10 单击"曲线"按钮，进入"曲线-亮度 对 饱和度"面板，提升"亮部"的饱和度，如图4-37所示。

图4-37

11 单击节点05，展开"窗口"面板，选择"圆形"工具，如图4-38所示。

图4-38

12 在预览窗口中，拖动圆形蒙版蓝色方框上的控制柄，调整蒙版大小和位置，按住鼠标左键拖动蒙版白色圆框上的控制柄，调整蒙版羽化区域，如图4-39所示。

13 在"节点"面板的空白位置右击，在弹出的快捷菜单中选择"添加Alpha输出"选项，如图4-40所示。

14 将05节点上的"键输入"与"源"图标相连、"键输出"与"Alpha最终输出"相连，如图4-41所示。

图4-39

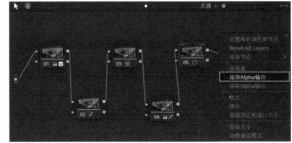

图4-40

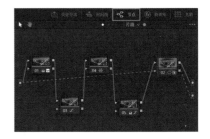

图4-41

15 执行操作后，即可在预览窗口查看最终的画面效果。

4.4
油画色调——新疆大草原

在达芬奇软件中，我们可以通过"抽象画"特效效果来模仿油画色调效果。下面介绍具体操作方法，图4-42所示为调色前后对比。

图4-42

图4-42（续）

01 启动达芬奇软件，打开"新疆大草原"项目文件，进入调色界面，如图4-43所示。

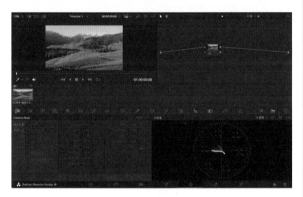

图4-43

02 单击节点1，再单击"色轮"按钮 ⊙，进入"一级-校色轮"面板，调整"对比度"为1.126，拖动"暗部"滚轮为-0.03、"中灰"滚轮为0.04、"亮部"滚轮为0.96，提升"饱和度"为55.20，如图4-44所示。

图4-44

03 单击界面右上角的"特效库"按钮 ⊛，进入"特效库"面板，输入并搜索"抽象画"，拖动该特效至"节点"面板，如图4-45所示。

04 将节点01的输出与节点02的输入连接，再将节点02的输出与终端输出连接，如图4-46所示。

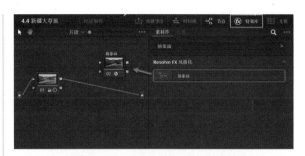

图4-45

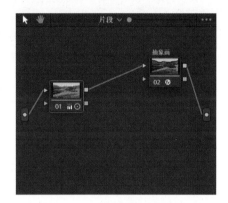

图4-46

05 执行操作后，即可在预览窗口查看最终的画面效果。

4.5
复古港风——氛围感女郎

复古港风调色以20世纪80、90年代香港电影的色调为灵感，呈现出一种怀旧、复古的视觉效果。下面介绍具体操作方法，图4-47所示为调色前后对比。

图4-47

01 启动达芬奇软件，打开"氛围感女郎"项目文件，进入"调色"界面，如图4-48所示。

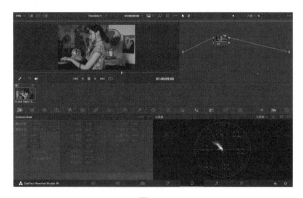

图4-48

02 按快捷键Alt+S再新建两个串行节点，如图4-49所示。

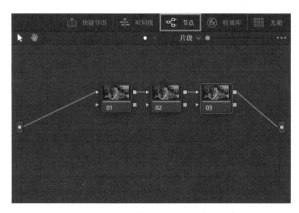

图4-49

03 单击节点01，再单击"色轮"按钮⊙，进入"一级-校色轮"面板，拖动"亮部"滚轮至1.07，如图4-50所示。

图4-50

04 单击"HDR调色"按钮，进入"高动态范围-校色轮"面板，将Light处的Y值调整为0.02、Global处的Y值调整为-0.02，如图4-51所示。

图4-51

05 单击节点02，单击"RGB混合器"按钮，进入"RGB混合器"面板，调整"红色输出"处的数值分别为1.15、-0.15，如图4-52所示。

图4-52

06 单击节点03，单击"曲线"按钮，进入"曲线-自定义"面板，增加两个控制点，适当拖动控制点，调整画面明暗对比，如图4-53所示。

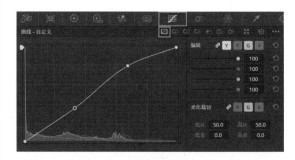

图4-53

07 单击"调色"界面右上角的"特效库"按钮，输入并搜索"发光"，拖动至"节点"面板，如图4-54所示。

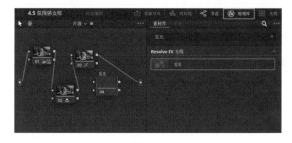

图4-54

08 参照步骤07，输入并搜索"胶片光晕""胶片损坏"效果并拖动至"节点"面板，如图4-55所示。

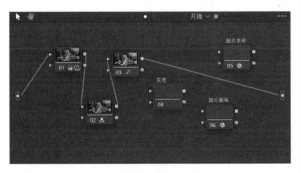

图4-55

09 将所有节点连接起来，如图4-56所示。

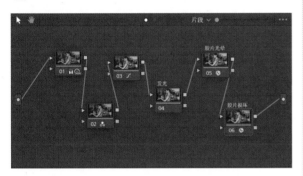

图4-56

10 单击"胶片损坏"效果，再单击进入"特效库"面板，调整"划痕宽度"为0.5，如图4-57所示。

图4-57

11 执行操作后，即可在预览窗口查看最终的画面效果。

4.6
宫崎骏风——治愈系小镇

宫崎骏风色调主要以绿色与蓝色为主，画面明亮、鲜艳、生动，像童话般简单纯粹。下面介绍具体操作方法，图4-58所示为调色前后对比。

图4-58

01 启动达芬奇软件，打开"治愈系小镇"项目文件，打开"调色"界面，如图4-59所示。

图4-59

02 按快捷键Alt+S再新建两个串行节点，如图4-60所示。

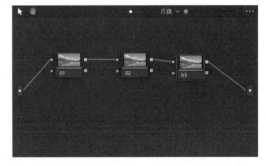

图4-60

03 单击节点01，再单击"曲线"按钮 ，进入"曲线-色相 对 饱和度"面板，在绿色与蓝色区域建立两

69

个控制点，如图4-61所示，并适当提升绿色与蓝色的饱和度，如图4-62所示。

图4-61

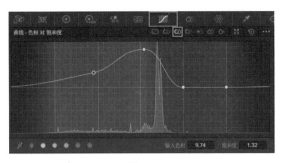

图4-62

04 单击节点02，再单击"色轮"按钮 ⊙ ，进入"一级-校色轮"按钮，拖动"亮部"的滚轮至1.11，并提升"饱和度"至55，如图4-63所示。

图4-63

05 单击节点03，再单击"色彩扭曲器"按钮，进入"色彩扭曲器-色彩-饱和度"面板，用鼠标拖动绿色和蓝色控制点至适当位置，如图4-64所示。

图4-64

06 执行操作后，即可在预览窗口查看最终的画面效果。

4.7
青灰古风——清冷系美人

青灰古风在调色上需要注意进行暗部增强与高光削弱，同时压低暖色调上的饱和度，增强画面中青色与灰色的色彩比例，营造出古典雅致的韵味。下面介绍具体操作方法，图4-65所示为调色前后对比。

图4-65

01 启动达芬奇软件，打开"清冷系美人"项目文件，进入"调色"界面，如图4-66所示。

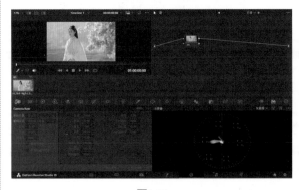

图4-66

02 按快捷键Alt+S新建三个串行节点，如图4-67所示。

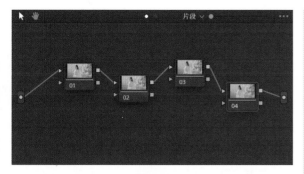

图4-67

03 单击节点01，再单击"色轮"按钮⚙️，进入"一级-校色轮"面板，将"色温"调整为-640、"色调"调整为12、"对比度"调整为1.074；鼠标左键长按"暗部"控制点至绿色方向拖动，参数分别为-0.06、-0.12、-0.04、-0.11；拖动"中灰"滚轮至0.02；拖动"亮部"滚轮至0.95；长按鼠标左键拖动"偏移"控制点至蓝色方向，参数分别为16.90、25.66、33.89；压暗"高光"参数为-6.5；降低"饱和度"为38，如图4-68所示。

图4-68

04 单击节点02，再单击"窗口"按钮⬭，进入"窗口"面板，如图4-69所示。

图4-69

05 在"窗口"面板中选择"圆形"工具，如图4-70所示。

06 执行操作后，预览窗口的素材画面上会出现一个圆形蒙版，长按鼠标左键拖动蒙版至人物中心，并调整蒙版的位置和大小，如图4-71所示。

图4-70

图4-71

07 单击"跟踪器"按钮⚙️，展开"跟踪器-窗口"面板，在面板下方勾选"交互模式"复选框，单击"插入"按钮，再单击"正向跟踪"按钮▶，如图4-72所示。

图4-72

08 跟踪完毕后，单击"色轮"按钮⚙️，鼠标左键长按"暗部"控制点至紫色方向拖动，参数分别为0.11、0.13、0.10、0.10；拖动"中灰"滚轮至0.02；长按鼠标左键拖动"亮部"控制点至红色方向，参数分别为0.96、1.16、0.91、0.84，如图4-73所示。

图4-73

71

09 单击"色彩扭曲器"按钮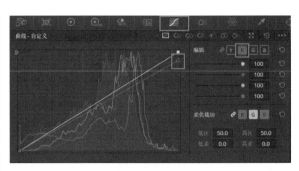，进入"色彩扭曲器-色相-饱和度"面板，拖动黄色控制点至橙色方向，调整人物肤色，如图4-74所示。

图4-74

10 单击节点03，按快捷键Alt+O新建反转遮罩，如图4-75所示。

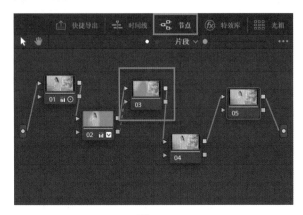

图4-75

11 单击节点03，再单击"色轮"按钮，拖动"暗部"滚轮至0.01，拖动"亮部"滚轮至0.84，如图4-76所示。

图4-76

12 单击节点04，单击"曲线"按钮，进入"曲线-自定义"面板，选择红色通道，拖动红色曲线并向下偏移，如图4-77所示。

13 选择蓝色通道，拖动蓝色曲线并向左偏移，如图4-78所示。

图4-77

图4-78

14 在白色曲线上新增控制点并向下拖动，压低白色暗部，如图4-79所示。

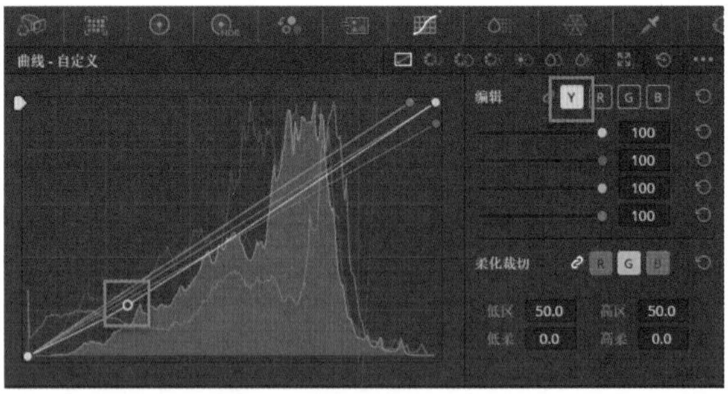

图4-79

15 单击节点05，再单击"色彩扭曲器"按钮，进入"色彩扭曲器-色相-饱和度"面板，长按鼠标左键拖动蓝色区域控制点与绿色区域控制点至青色区域，拖动紫色控制点并压缩紫色区域，如图4-80所示。

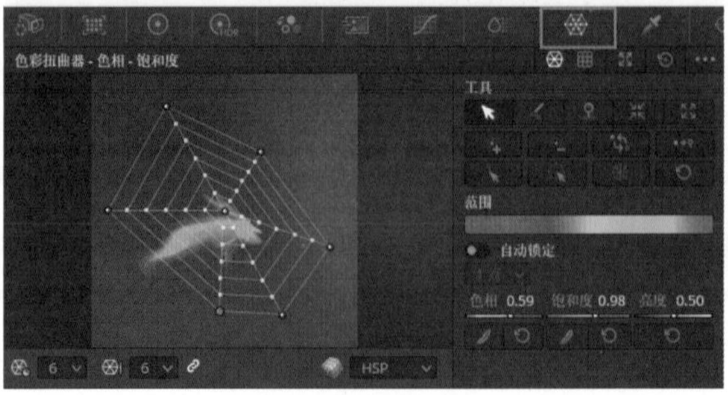

图4-80

16 执行操作后，即可在预览窗口查看最终的画面效果。

4.8
日系文艺风——女大学生

日系文艺风是一种追求自然、清新、柔和的调色风格，在调色上要注重增加曝光和对比度，蓝色偏青，肤色偏黄，从而营造出日系小清新特有的色彩风格。下面介绍具体操作方法，图4-81所示为调色前后对比。

图4-81

01 启动达芬奇软件，打开"女大学生"项目文件，进入"调色"界面，如图4-82所示。

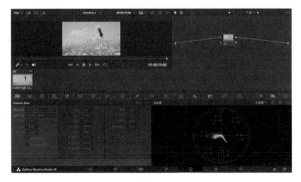

图4-82

02 按快捷键Alt+S新建三个串行节点，如图4-83所示。

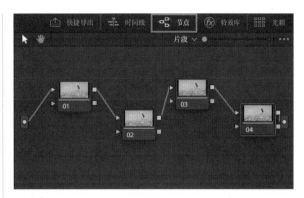

图4-83

03 单击节点01，再单击"色轮"按钮，进入"一级-校色轮"面板，调整"色温"为-100、"色调"为-15、"对比度"为1.12；拖动"暗部"滚轮至0.04；拖动"中灰"滚轮至-0.03；拖动"亮部"滚轮至1.03；调整"高光"为-30、"饱和度"为65，如图4-84所示。

图4-84

04 单击节点02，再单击"曲线"按钮，进入"曲线-自定义"面板，在白色曲线上新增两个控制点，拖动控制点至适当位置，调整画面明暗对比，如图4-85所示。

图4-85

05 单击节点03，再单击"曲线"按钮，进入"曲线-色相 对 饱和度"面板，给每一个颜色区域分别打上控制点，提升红色饱和度，降低绿色饱和度，提升蓝色饱和度，具体调整如图4-86所示。

图4-86

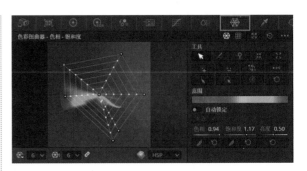

图4-87

06 单击节点04，再单击"色彩扭曲器"按钮⊞，进入"色彩扭曲器-色相-饱和度"面板，长按鼠标左键拖动蓝色区域控制点与绿色区域控制点至青色区域，拖动黄色控制点压缩黄色区域，如图4-87所示。

07 执行操作后，即可在预览窗口查看最终的画面效果。

第 5 章
视频特效：轻松打造震撼的视听体验

达芬奇Fusion界面旨在为用户提供直观、高效的视觉特效和动态图形编辑体验。本章将深入剖析如何使用达芬奇Fusion界面，让读者轻松打造震撼的视听体验。

5.1
雪景特效——古风雪景短片

达芬奇19版本特效库中自带Snow粒子效果，可以制作雪景特效，为视频渲染出浪漫的雪景氛围。下面介绍具体操作方法，特效前后对比如图5-1所示。

图5-1

01 启动达芬奇软件，打开"雪景特效"效果文件，进入"剪辑"界面，如图5-2所示。

图5-2

02 全选所有素材，右击，在弹出的快捷菜单中选择"新建复合片段"选项，如图5-3所示。

图5-3

03 弹出"新建复合片段"窗口，单击"创建"按钮，如图5-4所示。

图5-4

04 创建成功后，轨道如图5-5所示。

图5-5

05 选中复合片段，右击，在弹出的快捷菜单中选择"新建Fusion片段"选项，如图5-6所示。

图5-6

06 建立片段成功后，此时"媒体池"面板中将出现

"Fusion Clip 1"文件，如图5-7所示。

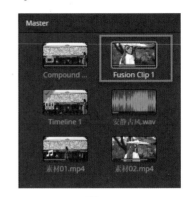

图5-7

07 单击下方Fusion按钮，进入Fusion界面，如图5-8所示。

图5-8

下面对Fusion工作区（见图5-9）作简单介绍。

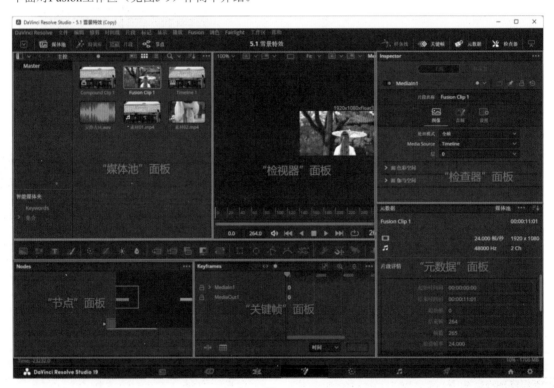

图5-9

"媒体池""检视器""元数据"等面板之前已介绍过，在此不再重复介绍。

"节点"面板：与"调色"界面中的节点截然不同，Fusion中的"节点"面板是用于构建和编辑特效的主要面板。用户可以在这里创建节点、连接节点并调整节点参数，以创建复杂的视觉效果。

"检查器"面板：位于界面右侧，用于显示与

节点编辑器中对应节点的所有可编辑参数和控件。

"关键帧"面板：主要用于对特效中的关键帧进行精细化调整。

08 单击界面左上角的"特效库"按钮，进入"特效库"界面，如图5-10所示，在选项菜单中执行Templates—Fusion—Particles—Snow命令，如图5-11所示。

图5-10

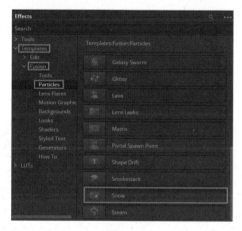

图5-11

09 按住鼠标左键拖动Snow至"节点"面板，松开鼠标左键，此时该特效自动生成了节点树，如图5-12所示。

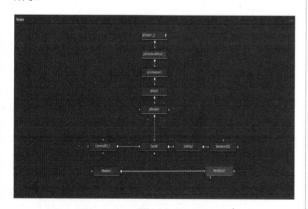

图5-12

10 将"MediaIn1"与"Camera3D1_1"连接、"MediaOut1"与"Renderer3D2"连接，如图5-13所示。

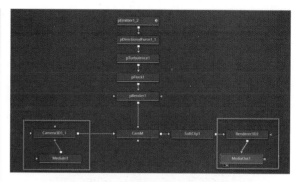

图5-13

11 单击节点"pEmitter1_2"，进入"检查器"面板，如图5-14所示。

图5-14

12 选择"样式"标签页，如图5-15所示。

图5-15

13 在"Size Controls"中，调整Size为0.07，如图5-16所示。

图5-16

14 单击"Renderer3D2"节点，进入"检查器"面板，单击"图像"按钮，如图5-17所示。

图5-17

15 进入"图像"标签页，在"宽度"与"高度"选项中，分别单击圆点位置，如图5-18所示，此时高度与宽度分别为1920与1080，如图5-19所示。

图5-18

图5-19

16 执行操作后，即可在预览窗口查看最终的画面效果。

5.2
跟踪文字——周末出游 Vlog

在达芬奇Fusion界面中，我们可以使用Track节点对画面物体进行跟踪效果应用。下面介绍文字跟

踪的具体操作方法，特效前后对比如图5-20所示。

图5-20

01 启动达芬奇软件，打开"跟踪文字"项目文件，进入Fusion界面，如图5-21所示。

图5-21

02 在界面左上角"特效库"面板输入并搜索tracker，如图5-22所示，按住Shift键+鼠标左键拖动到节点当中，如图5-23所示。

图5-22

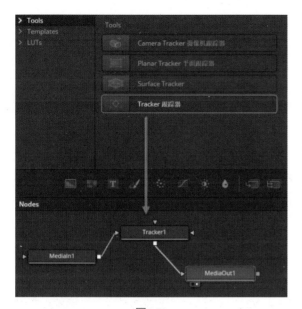

图5-23

图5-26

03 单击节点"Tracker1"进入所在"检查器"面板，如图5-24所示。进入"操作"标签页，单击"操作"下拉按钮，在下拉列表中选择"匹配移动"选项，如图5-25所示。

图5-24

图5-27

06 跟踪完毕后，在工具栏单击"文字"按钮▥，此时"节点"面板将出现"Text1"节点与"Merge1"节点，如图5-28所示。

图5-28

07 单击"Text1"节点，在"检查器"面板的"文本"标签页中输入"周末出行VLOG"，如图5-29所示。在"检查器"面板中设置文字"字体"为"微软雅黑"、"大小"为0.05、"方向"为"垂直"，如图5-30所示。

图5-25

04 在"检视器"面板中，按住鼠标左键拖动"IntelliTrack 1"方框至黑色汽车上，如图5-26所示。

05 单击节点"Tracker1"进入所在"检查器"面板，单击"向前跟踪"按钮，如图5-27所示，等待软件自动计算。

图5-29

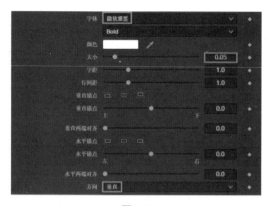

图5-30

08 在"检视器"面板上拖动光标调整文字位置，如图5-31所示。

图5-31

09 在"特效库"面板输入并搜索"transform1"，如图5-32所示。

图5-32

10 按住Shift键+鼠标左键拖动到"Text1"节点与"Merge1"节点当中，如图5-33所示。

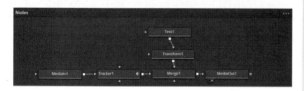

图5-33

11 单击节点"Transform1"进入所在"检查器"面板，在"控制"标签页中调整"角度"参数，如图5-34所示。

图5-34

12 将节点"Transform1"与"Tracker1"连接，如图5-35所示。

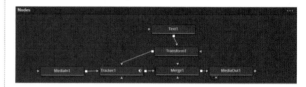

图5-35

13 执行操作后，即可在预览窗口查看最终的画面效果。

> **提示：**
> Tracker节点在Fusion中应用得非常广泛，例如替换电视机中的图像、修复墙上的涂鸦、跟踪文字标注等。跟踪可根据画面分为点跟踪、面跟踪、摄像机跟踪等。

5.3
魔法换天——阴天秒变晴天

除了使用达芬奇"调色"界面中的"天空替换"功能换天，我们也可以在Fusion界面中实现魔法换天效果。下面介绍具体操作方法，特效前后对比如图5-36所示。

图5-36

图5-36（续）

01 启动达芬奇软件，打开"魔法换天"项目文件，进入Fusion界面，如图5-37所示。在左上角"特效库"面板输入并搜索"luma keyer1"，如图5-38所示。

图5-37

图5-38

02 按住Shift键+鼠标左键拖动到"节点"面板当中，如图5-39所示。

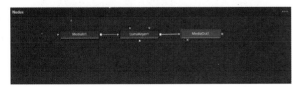

图5-39

03 单击节点"Lumakeyer1"，进入"检查器"面板，如图5-40所示。

图5-40

04 在"控制"标签页中，在"通道"的下拉菜单中选择"亮度"选项，调整恰当数值，并勾选"反向"复选框，如图5-41所示。

图5-41

05 在左上角"特效库"面板输入并搜索"polygon1"，拖动到"节点"面板当中，连接"Lumakeyer1"节点，如图5-42所示。

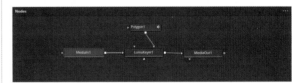

图5-42

06 单击"Polygon1"节点，拖动至"检视器"面板为地面绘制遮罩，如图5-43所示。

图5-43

07 在左上角"特效库"面板输入并搜索"track"，如图5-44所示。

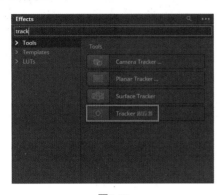

图5-44

08 按住鼠标左键拖动到"节点"面板当中，将"Lumakeyer1"节点与"Tracker1"节点相连接，如图5-45所示。

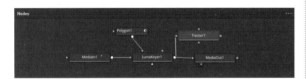

图5-45

09 在"检视器"面板中，拖动节点"IntelliTrack1"至固定建筑体上，如图5-46所示。进入"检查器"面板，单击"向前跟踪"按钮，如图5-47所示。

图5-46

图5-47

10 跟踪完毕后，在界面左上角单击进入"媒体池"面板，如图5-48所示。

图5-48

11 将素材"蓝天白云"拖动至"节点"面板中，"节点"面板将自动生成"MediaIn2"节点，如图5-49所示。

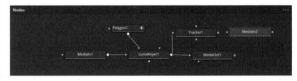

图5-49

12 将"MediaIn2"节点与"Tracker1"节点连接，如图5-50所示。

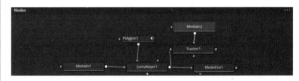

图5-50

13 单击"Tracker1"节点，进入"检查器"面板，如图5-51所示。再单击"操作"标签页，在"操作"下拉列表中选择"匹配移动"选项，如图5-52所示。

图5-51

图5-52

14 在左上角"特效库"面板输入并搜索"resize"，如图5-53所示。

图5-53

15 按住Shift键+鼠标左键拖动到"节点"面板当中，如图5-54所示。

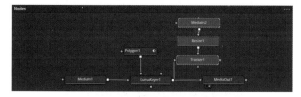

图5-54

16 在左上角"特效库"面板输入并搜索"merge"，如图5-55所示。

图5-55

17 按住鼠标左键拖动效果Merge到"节点"面板当中，将"Merge1"节点与"tracker1"节点相连接、"Lumakeyer1"节点与"MediaOut1"节点相连接，

如图5-56所示。

图5-56

18 单击Merge节点，按快捷键Ctrl+T，特效效果如图5-57所示。

图5-57

19 单击"Lumakeyer1"节点，在"检查器"面板的"控制"标签页中根据"检视器"面板画面调整"通道"参数，如图5-58所示。

图5-58

20 单击"Polygon1"节点，在"检查器"面板的"控制"标签页中根据"检视器"画面调整"柔化边缘"参数，如图5-59所示。

图5-59

21 执行操作后，即可在预览窗口查看最终的画面效果，如图5-60所示。

图5-60

> **提示：**
> 　　Merge节点使用得非常频繁，主要用于将两个画面按前景和背景的方式融合到一个画面中。

5.4
动物说话——招财猫会说话

　　我们可以在达芬奇Fusion界面中使用遮罩效果完成一些有趣的画面效果，学会该操作后，用户可以举一反三地让任何物体"开口说话"。下面介绍让招财猫"说话"的具体操作方法，特效前后对比如图5-61所示。

图5-61

01 启动达芬奇软件，打开"动物说话"项目文件，进入Fusion界面，如图5-62所示。

图5-62

02 进入"节点"面板，右击节点"MediaIn1"，在弹出的快捷菜单中选择"重命名"为"招财猫"，如图5-63所示。

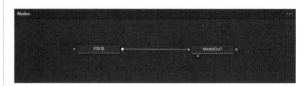

图5-63

03 进入"媒体池"面板，将素材"嘴巴"拖入"节点"面板中，此时"节点"面板将自动生成为节点"MediaIn1"，如图5-64所示。右击节点"MediaIn1"，在弹出的快捷菜单中选择"重命名"为"嘴巴"，如图5-65所示。

图5-64

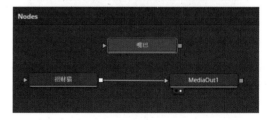

图5-65

04 单击节点"嘴巴"，再单击工具栏中的"Polygon

多边形"按钮 , 如图5-66所示。

图5-66

05 进入"检查器"面板, 在"控制"标签页中勾选"反向"复选框, 如图5-67所示。

图5-67

06 针对"检视器"面板中的嘴巴形状画出遮罩, 如图5-68所示, 取消勾选"反向"复选框, 并适当增加"柔化边缘"参数, 如图5-69所示。

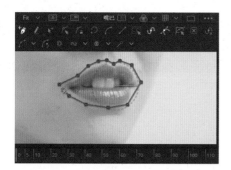

图5-68

图5-69

07 将"嘴巴"节点与"招财猫"的输出节点连接, 此时将自动生成Merge节点, 如图5-70所示。

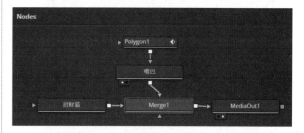

图5-70

08 单击节点"嘴巴", 再单击工具栏中的"Transform变换"按钮 , 此时"节点"面板将自动生成"Transform1"节点, 如图5-71所示。

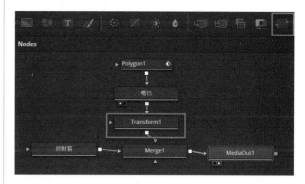

图5-71

09 单击节点"Transform1", 进入其"检查器"面板, 如图5-72所示。

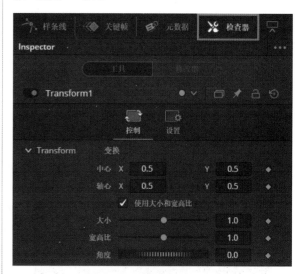

图5-72

10 根据"检视器"画面适当调整嘴巴的位置、大小和角度, 参数设置如图5-73所示。

图5-73

11 执行操作后，即可在预览窗口查看最终的画面效果。

提示：

　　Transform节点主要用于画面的移动、缩放、旋转、调整，同样可以在画面缩小后进行拼接等操作。

5.5
光影特效——影视闪电效果

　　在达芬奇软件中，我们除了可以在"调色"界面中调整画面明暗，也可以在Fusion界面中调整。下面为用户介绍达芬奇Fusion模拟影视闪电效果的具体操作方法，特效前后对比如图5-74所示。

图5-74

01 启动达芬奇软件，打开"光影特效"项目文件，进入Fusion界面，如图5-75所示。

图5-75

02 打开特效库，输入并搜索"添加闪烁"，如图5-76所示。

图5-76

03 单击节点"MediaIn1"，再单击节点"添加闪烁"，"节点"面板将出现"添加闪烁1"节点，如图5-77所示。

图5-77

04 单击节点"添加闪烁1"，进入"检查器"面板，在"控制"标签页的"闪烁质量"中提升"幅度随机性"参数，如图5-78所示。

图5-78

05 在特效库中输入并搜索"Brightness / Contrast"，如图5-79所示。

图5-79

06 按住鼠标左键拖动"BrightnessContrast"至"节点"面板，生成"BrightnessContrast1"节点，如图5-80所示。

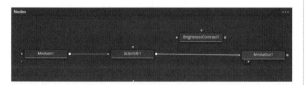

图5-80

07 将"BrightnessContrast1"节点与"添加闪烁1"节点和"MediaOut1"节点连接，如图5-81所示。

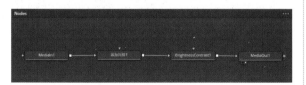

图5-81

08 单击节点"BrightnessContrast1"，进入"检查器"面板，降低"控制"标签页的"亮度"参数，如图5-82所示。

图5-82

09 执行操作后，即可在预览窗口查看最终的画面效果。

5.6
换装特效——酷炫变装效果

在达芬奇软件中，我们可以用Fusion界面做炫酷变装。下面为用户介绍达芬奇Fusion制作炫酷变装效果的具体操作方法，特效前后对比如图5-83所示。

图5-83

01 启动达芬奇软件，打开"换装特效"项目文件，进入"剪辑"界面，如图5-84所示。

图5-84

02 将素材"01.mp4"拖动至视频轨道V1中，将素材"动感时尚.wav"拖动至音频轨道A1中，如图5-85所示。

图5-85

03 将时间指示器移至01:00:04:22处，删除时间指示器后素材"01.mp4"与音频"动感时尚.wav"的多余片段，如图5-86所示。

图5-86

04 将时间指示器移至01:00:02:02处，用"刀片编辑模式"分割素材"01.mp4"的片段，如图5-87所示。

图5-87

05 选中时间指示器后的片段，进入"调色"界面，如图5-88所示。

图5-88

06 进入"曲线-色相 对 色相"面板，用"吸管"吸取"检视器"面板中的衣服颜色，如图5-89所示。

图5-89

07 在"曲线-色相 对 色相"面板中下拉黑色控制点，更改裙子颜色，如图5-90所示。

图5-90

08 更改完成后，回到"剪辑"界面，用"刀片编辑模式"分割素材"01.mp4"的01:00:01:10、01:00:02:20处的片段，如图5-91和图5-92所示。

图5-91

09 进入"特效库"面板，执行"工具箱"|"视频转场"命令，找到"边缘划像"效果，移至01:00:02:02处，如图5-93所示。

图5-92

图5-93

10 选中01:00:01:10～01:00:02:20的片段，右击，在弹出的快捷菜单中选择"新建复合片段"中输入复合片段名称，如图5-94所示。

图5-94

11 单击"复合片段1"，进入Fusion界面，如图5-95所示。

图5-95

12 按住Shift键+空格键弹出"选择工具"面板，在搜索框中输入并搜索"highlight"高光效果，如图5-96所示，添加至"节点"面板。

图5-96

13 单击"Hghtlight1"节点，进入"检查器"面板，将时间指示器移至第2帧，如图5-97所示。在"检查器"面板中将"低"更改为0.95，标记关键帧，如图5-98所示。

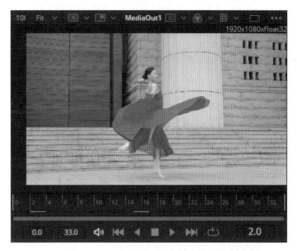

图5-97

图5-98

14 将时间指示器移至第18帧，如图5-99所示。在"检查器"面板中将"低"更改为0.767，标记关键帧，如图5-100所示。

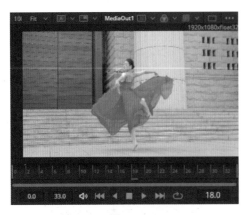

图5-99

图5-100

15 将时间指示器移至第33帧,如图5-101所示。在"检查器"面板中将"低"更改为0.95,标记关键帧,如图5-102所示。

图5-101

图5-102

16 执行操作后,即可在预览窗口查看最终的画面效果。

5.7
发光文字——震撼开场字幕

在达芬奇软件中,我们可以用Fusion界面做霓虹发光文字效果。下面为用户介绍达芬奇Fusion制作发光文字效果的具体操作方法,特效前后对比如图5-103所示。

图5-103

01 启动达芬奇软件,打开"发光文字"项目文件,进入"剪辑"界面,如图5-104所示。

图5-104

02 在左上角"媒体池"面板中,右击并在弹出的快捷菜单中选择"新建Fusion合成"选项,"时长"为3s,如图5-105所示。单击"创建"按钮,拖动至视频轨道V2中,如图5-106所示。

图5-105

图5-106

03 切换至Fusion界面，如图5-107所示。

图5-107

04 在工具栏中找到文本并添加至"节点"面板，并把文本节点与输出节点连接起来，如图5-108所示。

图5-108

05 进入文本节点的"检查器"面板，在"文本"中输入并搜索"城夜霓虹"，设置"字体"为"方正书宋繁体"、"大小"为0.28、"字距"为1.134，如

图5-109所示。

图5-109

06 按住Shift键+空格键"，跳出"选择工具"面板，在面板中输入并搜索"glow"辉光效果，如图5-110所示。添加两个辉光效果至"节点"面板，如图5-111所示。

图5-110

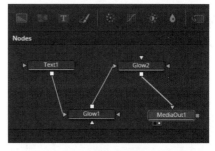

图5-111

07 单击"Glow2"节点，将"辉光大小"更改为100，如图5-112所示。

图5-112

08 在工具栏中找到"ColorCorrector"按钮，添加至"节点"面板，如图5-113所示。

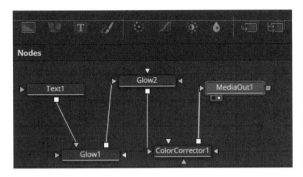

图5-113

09 将时间指示器移至第40帧，在"检查器"面板中修改颜色为绿色，并标记关键帧，如图5-114所示。

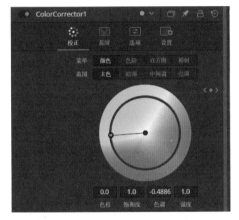

图5-114

10 将时间指示器移至第71帧，在"检查器"面板中修改颜色为黄色，并标记关键帧，如图5-115所示。

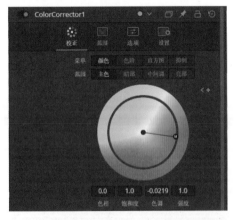

图5-115

11 单击"Text1"节点并进入"检查器"面板，将时间指示器移至第10帧，将"书写"设置为0并标记关键帧，如图5-116所示。

图5-116

12 将时间指示器移至第40帧，并将"书写"处的"结束"值设置为1.0，标记关键帧，如图5-117所示。

图5-117

13 回到"剪辑"界面，复制一份"Fusion合成"至视频轨道V2，如图5-118所示。

图5-118

14 将素材"成都夜景航拍.mp4""电音霓虹.wav"从"媒体池"面板移至视频轨道V1中，如图5-119所示。

图5-119

⓯ 将时间指示器移至01:00:06:00处，用"刀片编辑模式"裁剪时间指示器后视频和音频片段，如图5-120所示。

图5-120

⓰ 执行操作后，即可在预览窗口查看最终的画面效果。

5.8
鬼影特效——动感分身舞蹈

在达芬奇软件中，我们可以用Fusion界面来打造动感分身舞蹈，在舞蹈中加入鬼影特效效果可以增强画面张力。下面为用户介绍达芬奇Fusion制作鬼影效果的具体方法，特效前后对比如图5-121所示。

图5-121

⓵ 启动达芬奇软件，打开"动感分身"项目文件，进入"剪辑"界面，如图5-122所示。

图5-122

⓶ 在左上角"媒体池"面板中，找到视频素材"动感舞蹈.mp4"、音频素材"动感音乐.wav"，并分别拖动至视频轨道V2、音频轨道A1中，如图5-123所示。

图5-123

⓷ 进入Fusion界面，找到"特效库"面板，在"搜索栏"中输入并搜索"神奇遮罩"，拖动至"节点"面板中，与各节点相连，如图5-124所示。

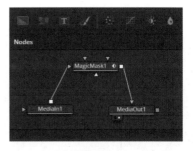

图5-124

⓸ 在"检视器"画面上对准人体画线并等待软件自动计算人物遮罩，如图5-125所示。

图5-125

05 单击"正向跟踪"按钮▶,软件将进行跟踪计算,如图5-126所示。

图5-126

06 在"特效库"面板中输入并搜索"运动拖尾",拖动至"节点"面板中,与各节点相连,如图5-127所示。

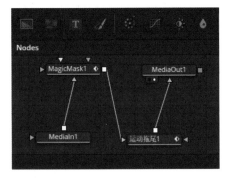

图5-127

07 将时间指示器移至第0帧,将"拖尾长度"更改为0并标记关键帧,如图5-128所示。

图5-128

08 将时间指示器移至第9帧,将"拖尾长度"更改为5并标记关键帧,如图5-129所示。

图5-129

09 将时间指示器移至第25帧,将"拖尾长度"更改为0并标记关键帧,如图5-130所示。

图5-130

10 参考步骤07~09,观察舞蹈动作,并在适当位置标记关键帧,如图5-131所示。

图5-131

11 返回"剪辑"界面,从"媒体池"面板中将视频素材"动感舞蹈.mp4"移至视频轨道V1中,如图5-132所示。

图5-132

12 执行操作后,即可在预览窗口查看最终的画面效果。

> **提示:**
> 人物遮罩跟踪是"运动拖尾"效果使用的前提条件,否则该效果将无法显示。

第 6 章
添加字幕：图文结合让作品锦上添花

在视频制作中，字幕是不可或缺的一部分。本章主要介绍字幕的创建和编辑，探索达芬奇剪辑软件中的字幕制作技巧，为影视作品增添专业级的文字表达。

6.1
渐显字幕——旅行社宣传视频

渐显字幕是指字幕以淡入的方式显示的动画效果，也是字幕动画中常用的入场效果。下面介绍制作渐显字幕效果的方法，效果如图6-1所示。

图6-1

01 启动达芬奇软件，打开"渐显字幕"项目文件，进入"剪辑"界面，如图6-2所示。

图6-2

02 在预览窗口中，可以查看导入项目的效果，如图6-3所示。

图6-3

03 单击"特效库"面板，执行"工具箱"|"标题"|"字幕"命令，选择"文本"效果，如图6-4所示，并拖动到视频轨道V2中，拖动至与视频时长同长，如图6-5所示。

图6-4

图6-5

04 选中轨道中的字幕文件，进入"检查器"面板，在"视频"标签页中选择"标题"选项卡，如图6-6所示，并在"多信息文本"中输入"启程世界，定格美好"，设置"字体系列"为"方正姚体"、"大小"为110、"字距"为77，如图6-7所示。

图6-6

图6-7

> **提示：**
> 　　达芬奇软件中可以使用的字体类型取决于用户在Windows系统中安装的字体。如果要在达芬奇软件中使用更多的字体，就需要在系统中添加相应字体。

05 在"检查器"面板中，进入"视频"标签页中的"设置"选项卡，如图6-8所示。

图6-8

06 将时间指示器移至开头，如图6-9所示。

图6-9

07 将"不透明度"设置为0.00，并添加关键帧，如图6-10所示。

图6-10

08 将时间指示器移至末尾，如图6-11所示。

图6-11

09 将"不透明度"设置为100，并添加关键帧，如图6-12所示。

图6-12

10 执行操作后，可以在预览窗口查看制作的字幕渐显效果。

6.2
投影字幕——日常碎片 Vlog

在达芬奇软件中，为了丰富字幕的视觉表现样式，用户可以自定义字幕的投影效果，使其更加多彩和引人注目。下面介绍制作字幕投影效果的操作方法，效果如图6-13所示。

图6-13

01 启动达芬奇软件，打开"投影字幕"项目文件，进入"剪辑"界面，如图6-14所示。

图6-14

02 在预览窗口中，可以查看导入项目的效果，如图6-15所示。

图6-15

03 进入"特效库"界面，执行"工具箱"|"标题"|"字幕"命令，选择"中下方字幕条"选项，如图6-16所示，并拖动到视频轨道V2中，拉长至与素材"02.mp4"同长，如图6-17所示。

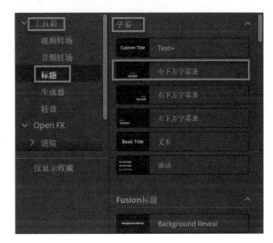

图6-16

图6-17

04 单击字幕，进入"检查器"面板，在第一个"多信息文本"中输入"恋爱碎片VLOG"，设置"字体系列"为"方正中倩_GBK"、"大小"为110、"字距"为20，如图6-18所示，设置"位置"为"X：960；Y：216"，如图6-19所示。

图6-18

图6-19

> **提示：**
> 当标题字幕的间距较小时，用户可以通过拖动"字距"右侧的滑块或在"字距"右侧的文本框中输入参数来调整标题字幕中的字间距。

05 在第二个"多信息文本"中输入"Love Debris"，设置"字体系列"为"方正中倩简体"、"大小"为50、"字距"为80，如图6-20所示，设置"位置"为"X: 960; Y: 237.6"，如图6-21所示。

图6-20

图6-21

06 将时间指示器移至01:00:00:00处，如图6-22所

示，进入"设置"选项卡，将"合成"中的"不透明度"设置为0.00，并标记关键帧，如图6-23所示。

图6-22

图6-23

07 将时间指示器移至01:00:02:01处，如图6-24所示，将"不透明度"设置为100.00，并标记关键帧，如图6-25所示。

图6-24

图6-25

08 将时间指示器移至01:00:08:01处，如图6-26所

示，将"不透明度"设置为100.00，并标记关键帧，如图6-27所示。

图6-26

图6-27

09 将时间指示器移至01:00:11:20处，如图6-28所示，将"不透明度"设置为0.00，并标记关键帧，如图6-29所示。

图6-28

图6-29

10 同样在"设置"选项卡中，在"变换"中设置"缩放"为"X：1.66；Y：1.66"、"位置"为"X：10；

Y：451"，如图6-30所示。

图6-30

11 执行操作后，可以在预览窗口查看制作的字幕效果，如图6-31所示。

图6-31

6.3
国风字幕——古风民宿打卡

在达芬奇软件中，用户可以融入水墨晕染、书法笔触等字体风格，打造出具备国风韵味的字幕。下面介绍制作国风字幕效果的操作方法，效果如图6-32所示。

图6-32

01 启动达芬奇软件，打开"国风字幕"项目文件，进入"剪辑"界面，如图6-33所示。

图6-33

02 在预览窗口中，可以查看打开的预览效果，如图6-34所示。

图6-34

03 进入"媒体池"面板，将素材"金色祥云.png"拖入视频轨道V2中，并拉长至与素材"02.mp4"同长，如图6-35所示。

图6-35

04 进入"特效库"界面，执行"工具箱"|"标题"|"字幕"命令，选择"文本"选项并拖入视频轨道V3～V6中，拉长至与素材"02.mp4"同长，如图6-36所示。

05 进入"媒体池"面板，将素材"印章.png"拖入视频轨道V7中，并拉长至与素材"02.mp4"同长，如图6-37所示。

06 单击视频轨道V3的文本，进入"检查器"面板，在"多信息文本"中输入"青"，设置"字体系列"为"方正黄草_GBK"、"颜色"为"白色"、"大

小"为300，如图6-38所示。

图6-36

图6-37

图6-38

07 设置"位置"为"X：1205；Y：770"，如图6-39所示。在"投影"中设置"偏移"为"X：20；Y：0"，如图6-40所示。

图6-39

图6-40

08 单击视频轨道V4的文本，进入"检查器"面板，在"多信息文本"中输入"砖"，设置"字体系列""颜色"与"文本-青"同步，设置"大小"为200，如图6-41所示。

图6-41

09 设置"位置"为"X: 1370; Y: 655"，如图6-42所示。

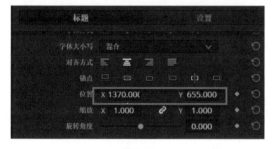

图6-42

10 在"投影"中，设置"偏移"与"文本-青"同步，如图6-43所示。

图6-43

11 单击视频轨道V5的文本，进入"检查器"面板，在"多信息文本"中输入"黛"，设置"字体系

列""颜色"与"文本-青"同步，设置"大小"为300，如图6-44所示。

图6-44

12 设置"位置"为"X: 1199; Y: 429"，如图6-45所示。

图6-45

13 在"投影"中，设置"偏移"与"文本-青"同步，如图6-46所示。

图6-46

14 单击视频轨道V6的文本，进入"检查器"面板，在"多信息文本"中输入"瓦"，设置"字体系列""颜色"与"文本-青"同步，设置"大小"为250，如图6-47所示。

图6-47

15 设置"位置"为"X：1362；Y：295"，如图6-48所示。

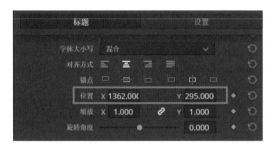

图6-48

16 在"投影"中，设置"偏移"与"文本-青"同步，如图6-49所示。

图6-49

17 单击素材"印章.png"，进入"检查器"面板，设置"缩放"为"X：0.15；Y：0.15"、"位置"为"X：878；Y：-137"，如图6-50所示。

图6-50

18 单击素材"金色祥云.npg"，进入"检查器"面板，设置"缩放"为"X：0.32；Y：0.32"、"位置"为"X：660；Y：-29"，如图6-51所示。

图6-51

19 执行操作后，可以在预览窗口查看制作的字幕效果，如图6-52所示。

图6-52

6.4
镂空字幕——城市宣传短片

在达芬奇软件中，用户可制作镂空字幕效果，让文字部分透光，增添视觉层次与独特韵味。下面介绍镂空字幕效果的操作方法，效果如图6-53所示。

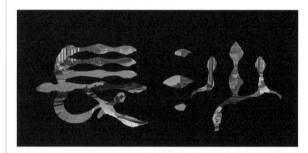

图6-53

01 启动达芬奇软件，打开"镂空字幕"项目文件，进入"剪辑"界面，如图6-54所示。

图6-54

02 在预览窗口中，可以查看打开的预览效果，如图6-55所示。

图6-55

03 执行"特效库"|"工具箱"|"生成器"命令，选择"纯色"选项，按住鼠标左键将其拖动到"时间线"面板中，拉长至与素材"01.mp4"同长，如图6-56所示。

图6-56

04 执行"特效库"|"工具箱"|"标题"|"字幕"命令，选择"文本"字幕样式，拖动至"时间线"面板中，并拉长至与素材"01.mp4"同长，如图6-57所示。

图6-57

05 单击字幕文件，进入"检查器"面板，在"文本"中输入"长沙"，并设置"字体"为"汉仪珍珠隶繁"、"大小"为0.5，如图6-58所示。

06 进入"设置"选项卡，设置"缩放"为"X：1.37；Y：1.37"，如图6-59所示。

图6-58

图6-59

07 在"时间线"面板中同时选中字幕文件和纯色效果文件，右击并在弹出的快捷菜单中选择"新建复合片段"选项，如图6-60所示。

图6-60

08 创建完成后，选中轨道中的复合片段，执行"检查器"|"视频"命令，在"合成模式"下拉列表中选择"深色"选项，如图6-61所示。

图6-61

09 执行操作后，可在预览窗口中查看制作的镂空文字效果。

6.5
滚动字幕——青春纪念相册

在达芬奇软件中，我们可以利用滚动字幕加图片切换的组合方法制作出青春纪念相册的效果。下面介绍制作滚动字幕效果的操作方法，效果如图6-62所示。

图6-62

01 启动达芬奇软件，打开"滚动字幕"项目文件，进入"剪辑"界面，如图6-63所示。

图6-63

02 在预览窗口中，可以查看打开的项目效果，如图6-64所示。

图6-64

03 执行"特效库"|"标题"|"字幕"命令，选择"滚动"选项，如图6-65所示。

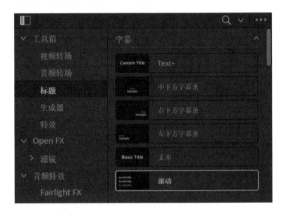

图6-65

04 将"滚动"字幕样式添加至"时间线"面板V3轨道中，并将字幕文件延长至与视频同长，如图6-66所示。

图6-66

05 选中字幕文件，执行"检查器"|"标题"命令，在"文本"下方的编辑框中输入滚屏字幕内容，如图6-67所示。

06 执行"检查器"|"标题"命令，设置"字体"为"方正俊黑简体"、"大小"为120、"对齐方式"为"居中"，如图6-68所示。

图6-67

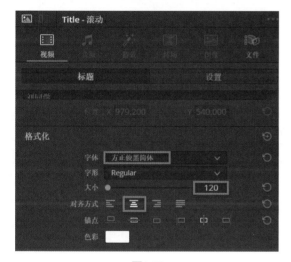

图6-68

07 进入"设置"选项卡，在"变换"中设置"缩放"为"X：0.55；Y：0.55"、"位置"为"X：518；Y：0.00"，如图6-69所示。

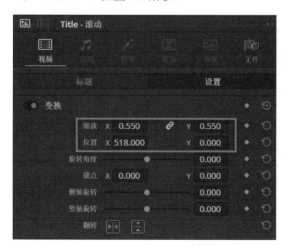

图6-69

08 执行操作后，可在预览窗口中查看制作的滚动文字效果，如图6-70所示。

图6-70

6.6
流金字幕——新年祝福视频

流金字幕是一种在字幕设计中常用的视觉表现方式，主要特点在于使用金色或类似金色的色彩对字幕进行填充，营造出一种华丽、高贵、典雅的视觉效果。下面介绍制作流金字幕效果的操作方法，效果如图6-71所示。

图6-71

01 启动达芬奇软件，打开"流金字幕"项目文件，进入"剪辑"界面，如图6-72所示。

图6-72

02 在预览窗口中，可以查看打开的项目效果，如图6-73所示。

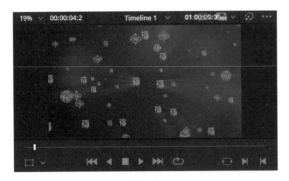

图6-73

03 进入"特效库"界面,在"搜索栏"中输入并搜索"fusion合成",长按鼠标左键拖动该效果至视频轨道V2中,如图6-74所示。

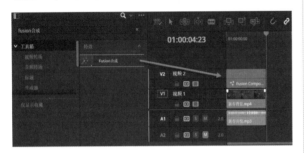

图6-74

04 单击视频轨道V2上的"Fusion合成"素材,进入Fusion界面,如图6-75所示。

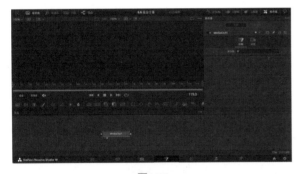

图6-75

05 在Fusion工具栏中找到"Background背景"节点按钮 ▣,将其拖动至"节点"面板中,并与"MediaOut"节点连接,如图6-76所示。

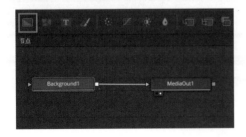

图6-76

06 单击"Background背景"节点,进入"检查器"面板,设置Alpha为0,如图6-77所示。

图6-77

07 在工具栏中找到"Text文本"节点,拖动到"节点"面板中,并与"Background背景"节点的输出端连接,随后"节点"面板上会自动创建一个"Merge1"节点,如图6-78所示。

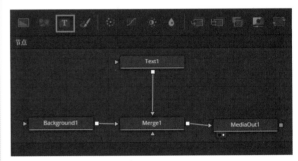

图6-78

08 单击Text1节点,进入"检查器"面板,在"文本"中输入"新春快乐",设置"字体"为"汉仪行楷繁"、"大小"为0.3,如图6-79所示。

图6-79

09 单击Text1节点,按住Shift键+空格键,在"搜索栏"中输入并搜索"bump",选择"创建凹凸贴图节点(Greate Bump Map (CBV))"选项,如图6-80所示,添加后"节点"面板如图6-81所示。

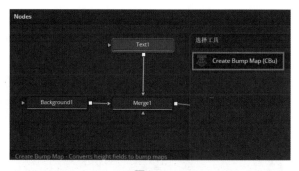

图6-80

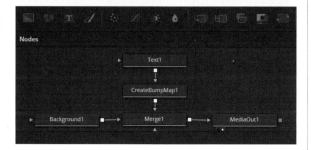

图6-81

10 进入右侧"检查器"面板，将"高度比例（Height Scale）"调到100，如图6-82所示。

图6-82

11 选中Text节点，按住Shift键+空格键，在"搜索栏"中输入并搜索"blur"，创建一个模糊节点，如图6-83所示。

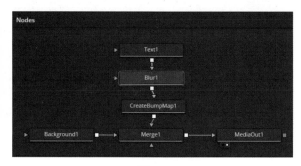

图6-83

12 在右侧"检查器"面板中，将"模糊（Blur Size）"的大小改为1.5，如图6-84所示。

图6-84

13 将Text节点连接到下面Merge节点的蓝色遮罩箭头上，如图6-85所示。

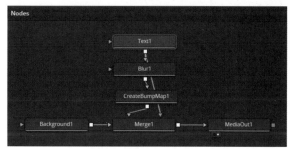

图6-85

> **提示：**
> Blur节点是模糊与锐化类的节点，"Blur Size"滑动条用于设置模糊大小。

14 在工具栏中找到"ColorCorrector"按钮 🔲，拖入Merge节点后，效果如图6-86所示。

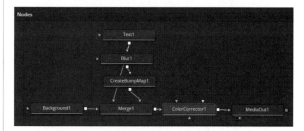

图6-86

15 点击"ColorCorrector1"节点，进入"检查器"面板，将整体颜色修改为金黄色，如图6-87所示。

16 在工具栏中找到"噪波"节点按钮 ■，拖入"节点"面板中，如图6-88所示。

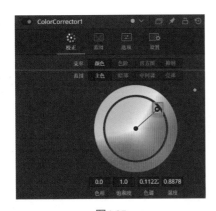

图6-87

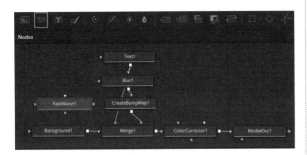

图6-88

17 在"检查器"面板中，将"对比度"调高至5.0，取消勾选"锁定X/Y轴"复选框，设置"X轴缩放"为12.6、"Y轴缩放"为0.0、"旋转"为36.5，如图6-89所示。

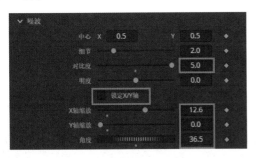

图6-89

18 选择"颜色"选项卡，将"颜色1"调整为"暗黄色（#905614）"，将Alpha设置为0.0，将"颜色2"调整为"亮黄色（#eacb41）"，如图6-90所示。

图6-90

19 选中Text节点至"CreateBumpMap"节点，按住Shift键+空格键，输入并创建"Display置换"节点至"节点"面板，如图6-91所示。

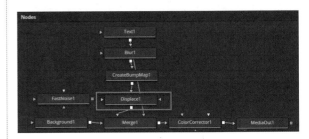

图6-91

> **提示：**
>
> 在达芬奇软件中，CreateBumpMap节点是一个用于创建凹凸贴图的特定工具，它可以帮助增强材质表面的细节，模拟出物体的质感，如粗糙度、凹凸感等，而无须实际改变物体的几何形状。

20 将FastNoise节点与Display节点连接，再单击Display节点，按快捷键Ctrl+T反转，如图6-92所示。

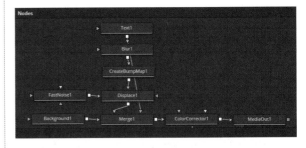

图6-92

21 单击MediaOut节点，按2键，可在"检视器"面板中查看画面效果，如图6-93所示。

图6-93

22 单击"Display置换"节点，进入"检查器"面板，切换到"X轴Y轴"选项卡，设置"灯光力度"为

3.0，"灯光角度"为244.6，如图6-94所示。

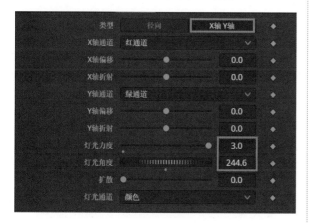

图6-94

23 单击"FastNoise噪波"节点，进入"检查器"面板，选择"噪波"选项卡，在"中心"属性上右击并在弹出的快捷键菜单中选择"修改为"选项，再选择"矢量结果"选项，如图6-95所示。

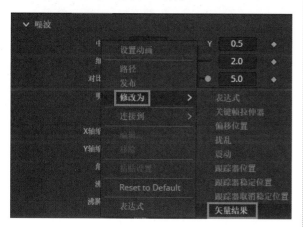

图6-95

24 单击"修改器"标签页，在"距离"上右击，在弹出的快捷菜单中选择"修改为"选项，再选择"Resolve参数"选项，拖动"比例"滚轮可调节动画效果快慢，如图6-96所示。

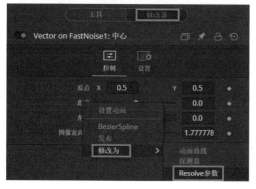

图6-96

25 执行操作后，可在预览窗口中查看制作的流金文字效果，如图6-97所示。

图6-97

6.7
打字效果——高级旅拍 Vlog

打字效果通常指的是在视频或动画中模拟文字逐个出现，如同键盘输入或手写般的视觉效果。下面介绍打字字幕效果的操作方法，效果如图6-98所示。

图6-98

01 启动达芬奇软件，打开"打字效果"项目文件，进入"剪辑"界面，如图6-99所示。

图6-99

02 在预览窗口中，可以查看打开的项目效果，如图6-100所示。

图6-100

03 进入"特效库"面板,打开"标题"选项卡,将"Text+"拖至视频轨道V2中,并拉长至与素材"01.mp4"同长,如图6-101所示。

图6-101

04 参照步骤03,将文本拖入至视频轨道V3中,并拉长至与素材"01.mp4"同长,如图6-102所示。

图6-102

05 单击"Text+",进入"检查器"面板,在"文本"中输入"筑梦沙海:沙漠中的奢华秘境",设置"字体"为"汉仪中宋简"、"大小"为0.0748,如图6-103所示。

图6-103

06 将时间指示器移至01:00:00:00处,在"书写"中设置"结束"为0.0,并标记关键帧,如图6-104所示。

图6-104

07 将时间指示器移至01:00:01:14处,在"书写"中设置"结束"为1.0,并标记关键帧,如图6-105所示。

图6-105

08 单击"文本",进入"检查器"面板,在"多信息文本"中输入"CHASING DREAM SAND SEA",设置"大小"为40、"字距"为71,如图6-106所示。

图6-106

09 进入"设置"标签页,设置"位置"为"X:-6;Y:-56",如图6-107所示。

10 执行操作后,可在预览窗口中查看制作的打字文字效果,如图6-108所示。

图6-107

图6-108

6.8
粒子消散——恋爱碎片记录

粒子消散字幕效果是通过模拟粒子系统，使字幕在出现或消失时伴随着粒子的动态变化，如逐渐散开、消散或聚集等。这种效果能够赋予字幕以生命力和动态美感，增强视觉体验。下面介绍制作粒子字幕效果的操作方法，效果如图6-109所示。

图6-109

01 启动达芬奇软件，打开"粒子消散"项目文件，进入"剪辑"界面，如图6-110所示。

02 在预览窗口中，可以查看打开的项目效果，如图6-111所示。

图6-110

图6-111

03 进入"媒体池"面板，在空白区域右击，在弹出的快捷菜单中选择"新建Fusion合成"选项，"时长"控制在10s，单击"创建"按钮，完成后如图6-112所示。

图6-112

04 将"Fusion合成"拖入视频轨道V2中，并剪切至与素材"05.mp4"同长，如图6-113所示。

图6-113

05 进入Fusion界面，在工具栏中找到"粒子发射器"█和"粒子接收器"按钮█，添加至"节点"面板，如图6-114所示。

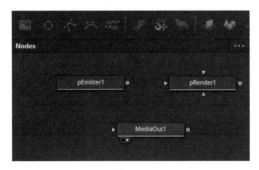

图6-114

06 将"pEmitter1"连接"pRender1"，如图6-115所示。

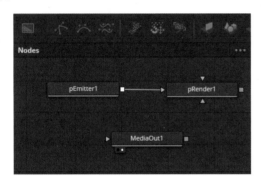

图6-115

> **提示：**
> "pEmitter"节点需要和"pRender"节点配合使用，可以输出到二维或三维场景中。

07 单击节点"pRender1"，进入"检查器"面板，"输出模式"更改为"二维"，如图6-116所示。

图6-116

08 创建Text节点，进入"检查器"面板，在"文本"中输入"恋爱碎片"，设置"字体"为"方正手绘简

体_粗"、"大小"为0.3，如图6-117所示。

图6-117

09 将时间指示器移至第0帧，在工具栏单击"Polygon"按钮█和"MatteControl"按钮█，创建两个新节点，如图6-118所示。

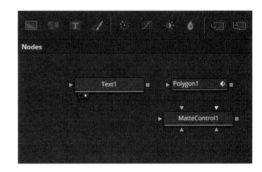

图6-118

10 单击"Polygon1"节点，进入"检视器"面板，在文字左侧绘制一个长方形遮罩，如图6-119所示。

图6-119

11 将时间指示器移至末尾，将遮罩盖住整个文字，如图6-120所示。

图6-120

12 鼠标右键按住"Text"节点输出端，连接到"MatteControl1"节点，此时弹出快捷菜单，将光标移动至"背景"选项，松开鼠标右键，如图6-121所示。

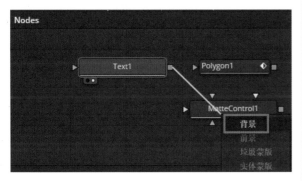

图6-121

13 鼠标右键按住"Polygon1"节点输出端，连接到"MatteControl1"节点，此时弹出快捷菜单，将光标移动至"垃圾蒙版"选项，松开鼠标右键，如图6-122所示。

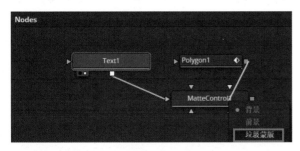

图6-122

14 单击"Polygon1"节点，进入"检查器"面板，设置"柔化边缘"为0.0441，如图6-123所示。

15 单击"pEmitter1"节点，进入"检查器"面板，在"区域"标签页中，将"区域"更改为Bitmap，如图6-124所示。

图6-123

图6-124

16 将"MatteControl1"节点与"pEmitter1"节点连接，如图6-125所示。

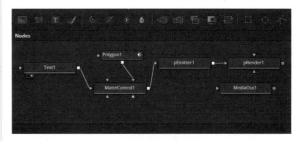

图6-125

提示：

"pEmitter"节点中的Region（区域）标签页主要用于设置粒子散布范围，在Region（区域）下拉列表中可以选择散布区域的形状，包括All（全部）、Bezier（贝兹曲线）、Bitmap（位图）、Cube（立方体）、Line（线）、Mesh（网格）、Rectangle（矩形）、Sphere（球体），不同选项的参数会有相应变化。

17 单击节点"pEmitter1"，进入"检查器"面板中的"控制"标签页，设置"数量"为700、"数量变化"为60、"寿命"为60,如图6-126所示。

图6-126

18 进入"样式"标签页,在"样式"中选择Blob选项,如图6-127所示。

图6-127

> **提示:**
>
> "pEmitter"节点中的Style(样式)标签页用于调整粒子外观,在Style(样式)下拉列表中选择粒子类型,包括Point(点)、Bitmap(位图)、Blob(团)、Brush(笔刷)、Line(线)、NGon(多边形)、Point Cluster(点簇)。

19 单击"pEmitter1"节点,按住Shift键+空格键,输入"pTurbulence",添加至"节点"面板,如图6-128所示。

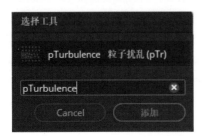

图6-128

20 单击"pTurbulence"节点,进入"检查器"面板中的"控制"标签页,将"X轴强度"调整为0.4、"Y轴强度"调整为0.3,如图6-129所示。

图6-129

21 单击"pTurbulence"节点,按住Shift键+空格键,输入"pFriction",添加至"节点"面板。

22 在工具栏中找到Merge按钮■,创建Merge节点,如图6-130所示。

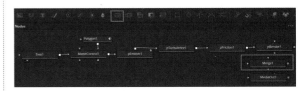

图6-130

23 将"pRender1"节点、"MatteControl1"节点分别与"Merge1"节点连接,如图6-131所示。

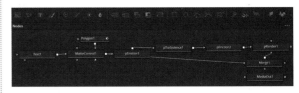

图6-131

24 参考步骤19,单击"pRender1"节点,按住Shift键+空格键,输入"glow",将"SoftGlow"节点添加至"节点"面板中。

25 参考步骤24,单击"MatteControl1"节点,再创建一个"SoftGlow"节点,如图6-132所示。

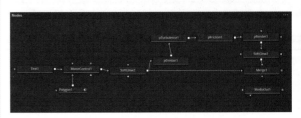

图6-132

26 分别单击"SoftGlow1"节点与"SoftGlow2"节点，在"检查器"面板的"增益"中根据画面适当调整数值，如图6-133和图6-134所示。

图6-133

图6-134

27 将"Merge1"节点与"MediaOut1"节点相连，如图6-135所示。

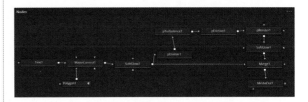

图6-135

28 执行操作后，可在预览窗口中查看制作的粒子消散文字效果。

第7章
转场效果：提升视频档次的关键元素

转场是指将一个场景转换为另一个场景的过程。好的转场效果能够显著增强视频的节奏感和视觉效果，使观众在观看过程中更加投入和沉浸。它不仅是场景切换的桥梁，更是情感表达和故事叙述的重要工具。

7.1
叠化转场——春天物语视频

在达芬奇软件中，叠化转场是一种常用的视频转场效果，通过将一个镜头逐渐过渡到另一个镜头，实现平滑的场景转换，是后期剪辑中最常使用的转场方法。下面介绍制作叠化转场效果的方法，效果如图7-1所示。

图7-1

01 启动达芬奇软件，打开"叠化转场"项目文件，进入"剪辑"界面，如图7-2所示。

02 在预览窗口中，可以查看导入项目的效果，如图7-3所示。

图7-2

图7-3

03 进入"特效库"面板，执行"工具箱"|"视频转场"|"叠化"命令，找到"交叉叠化"效果，如图7-4所示，按住鼠标左键拖动插入至素材"01.mp4"与素材"02.mp4"之间，如图7-5所示。

图7-4

图7-5

04 参照步骤03，将素材"02.mp4"与素材"03.mp4"之间、素材"03.mp4"与素材"04.mp4"之间，分别插入"交叉叠化"转场效果，如图7-6所示。

图7-6

05 执行操作后，可以在预览窗口查看制作的交叉叠化转场效果。

提示：

在达芬奇软件中，为两个视频素材添加转场效果时，视频素材需要经过剪辑才能应用转场效果，否则转场效果只能添加到视频素材的开始位置或结束位置，不能放置在两个视频素材的中间。

7.2
无缝转场——浪漫婚礼随拍

无缝转场作为一种剪辑技术，能够使两个视频画面内容中的固有运动通过剪辑连贯到一起，从而实现画面间的平滑过渡。无缝转场一般在短视频旅拍、婚礼拍摄等情况下被频繁使用，可以使视频作品更加出色。下面介绍制作无缝转场效果的方法，效果如图7-7所示。

图7-7

01 启动达芬奇软件，打开"无缝转场"项目文件，进入"剪辑"界面，如图7-8所示。

图7-8

02 进入"媒体池"面板，双击素材"戒指01.mp4"，对准"检视器"面板在00:00:00:15～00:00:03:05处打上入点和出点，如图7-9所示，再长按鼠标左键将素材拖入视频轨道V1中。

图7-9

03 双击素材"戒指02.mp4"，对准"检视器"面板在00:00:00:22～00:00:04:06处打上入点和出点，如图7-10所示，再长按鼠标左键将素材拖入视频轨道V2中。

图7-10

04 双击素材"誓词01.mp4"，对准"检视器"面板在00:00:07:08～00:00:15:08处打上入点和出点，如图7-11所示，再长按鼠标左键将素材拖入视频轨道V2中。

图7-11

05 双击素材"誓词02.mp4"，对准"检视器"面板在00:00:00:00～00:00:02:22处打上入点和出点，如图7-12所示，再长按鼠标左键将素材拖入视频轨道V2中。

图7-12

06 双击素材"头纱01.mp4"，对准"检视器"面板在00:00:06:00～00:00:08:19处打上入点和出点，如图7-13所示，再长按鼠标左键将素材拖入视频轨道V2中。

图7-13

07 双击素材"头纱02.mp4"，对准"检视器"面板在00:00:04:18～00:00:09:21处打上入点和出点，如图7-14所示，再长按鼠标左键将素材拖入视频轨道V2中。

图7-14

08 裁剪音频与视频同长，如图7-15所示，删除后半段音频。

图7-15

09 执行操作后，可以在预览窗口查看制作的交叉叠化转场效果。

7.3
光效转场——回忆碎片记录

在达芬奇软件中，如果在两个素材之间添加了转场效果，则可以进一步为该转场效果设置相应的参数，以便精确地控制其显示效果，从而实现更加平滑、自然或引人注目的过渡效果。光效转场适合在表现时光流逝的情况下使用，如对过去的回忆或对未来的畅想等。下面介绍制作光效转场效果的方法，效果如图7-16所示。

图7-16

01 启动达芬奇软件，打开"光效转场"项目文件，进入"剪辑"界面，如图7-17所示。

图7-17

02 在预览窗口中，可以查看导入项目的效果，如图7-18所示。

图7-18

03 进入"特效库"面板，执行"工具箱"|"视频转场"|"Fusion转场"命令，找到"Brightness Flash"效果，如图7-19所示，按住鼠标左键拖动插入素材"02.mp4"开头，如图7-20所示。

图7-19

图7-20

04 参照步骤03，将余下素材之间添加"Brightness Flash"效果，如图7-21所示。

图7-21

05 在"时间线"面板中选中转场效果，执行"检查器"|"转场"命令，拖动"亮度"和"饱和度"滑块，设置"亮度"为1.0、"饱和度"为4.0，如图7-22所示。

图7-22

06 参照步骤05，将余下的转场效果的"明度"和"饱和度"参数分别设置为1.0和4.0。

07 执行操作后，可以在预览窗口查看制作的光效转场效果。

7.4
遮罩转场——时空瞬间切换

在达芬奇软件中，遮罩转场是一种常见的转场技术，它通过在两个视频片段之间使用遮罩层来实现平滑的过渡效果。在前一个画面有前景遮挡，且前一个镜头与后一个镜头的运动方向连贯的情况下适合使用遮罩转场。下面介绍制作遮罩转场效果的方法，效果如图7-23所示。

图7-23

01 启动达芬奇软件，打开"遮罩转场"项目文件，进入"剪辑"界面，如图7-24所示。

图7-24

02 在预览窗口中，可以查看导入项目的效果，如图7-25所示。

图7-25

03 切换至"调色"界面，进入"节点"面板，在空白区域右击，在弹出的快捷菜单中选择"添加Alpha输出"选项，如图7-26所示。

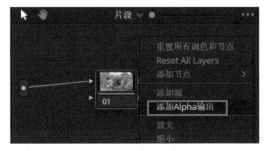

图7-26

04 将节点01与"Alpha输出"端连接，如图7-27所示。

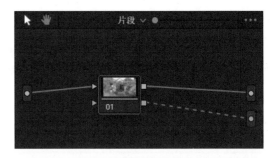

图7-27

05 在下方工具栏中选择"窗口"面板，并在"调色"界面的右下方中选择"关键帧"面板，如图7-28所示。

图7-28

06 在"关键帧"面板中，将时间指示器移至00:00:06:03处，在"矫正器"中单击"自动关键帧"按钮◆，如图7-29所示。

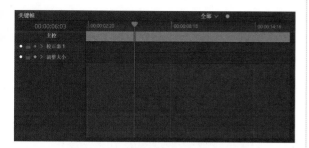

图7-29

07 在"窗口"中选择"曲线"工具，单击"多边形"按钮，再单击"遮罩"按钮◙，如图7-30所示。

图7-30

08 在"检视器"面板中绘制一个三角形，如图7-31所示。

图7-31

09 向前移动几帧，拖动遮罩覆盖画面人物背后，如图7-32所示。

10 参照步骤9，操作至遮罩面板完全覆盖整个画面，如图7-33所示。

图7-32

图7-33

11 此时可查看"关键帧"面板，如图7-34所示，拖动时间指示器，可以查看遮罩运动情况。

图7-34

12 执行操作后，可以在预览窗口查看制作的遮罩转场效果。

7.5
瞳孔转场——眼睛里的世界

在达芬奇软件中，灵活地使用软件自带的转场效果，可以制作出各种创意效果。达芬奇内置"椭圆展开"转场特效，可以巧妙地与关键帧功能相结合，创造出令人瞩目的瞳孔动态转场效果。下面介绍制作瞳孔转场效果的方法，效果如图7-35所示。

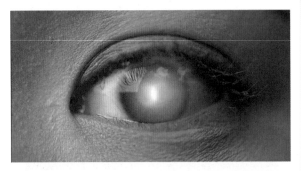

图7-35

01 启动达芬奇软件，打开"瞳孔转场"项目文件，进入"剪辑"界面，如图7-36所示。

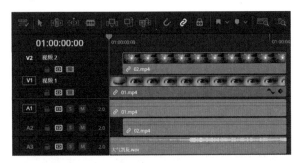

图7-36

02 在预览窗口中，可以查看导入项目的效果，如图7-37所示。

图7-37

03 单击素材"01.mp4"，将时间指示器移至01:00:00:16处，如图7-38所示，进入"特效库"面板，在"缩放"与"位置"处标记关键帧，如图7-39所示。

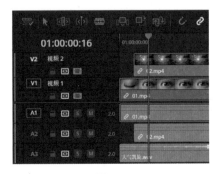

图7-38

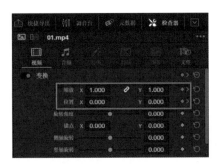

图7-39

04 将时间指示器移至01:00:04:10处，如图7-40所示，设置"缩放"为"X：16.820；Y：16.820"、"位置"为"X：-341；Y：-149"，并标记关键帧，如图7-41所示。

图7-40

图7-41

05 进入"特效库"面板，执行"工具箱"|"视频转场"|"光圈"命令，找到"椭圆展开"效果，如图7-42所示，拖动至素材"02.mp4"中，如图7-43所示。

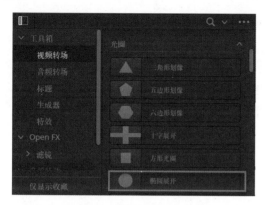

图7-42

图7-43

06 单击"椭圆展开"效果，进入"检查器"面板，设置"时长"为4.1秒、"中心偏移值"为"X：68；Y：0.00"、"边框"为238.170，勾选"羽化"复选框，如图7-44所示。

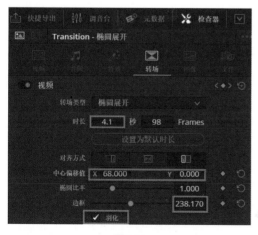

图7-44

07 将时间指示器移至01:00:00:08处，在"转场曲线"中标记关键帧，如图7-45所示。

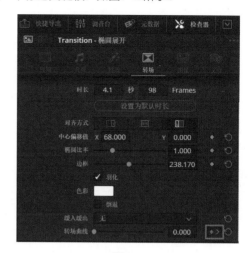

图7-45

08 将时间指示器移至01:00:04:10处，在设置"转场曲线"为1，并标记关键帧，如图7-46所示。

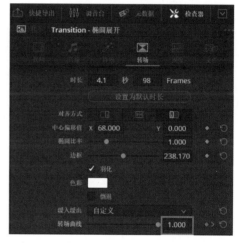

图7-46

09 执行操作后，可以看到素材"02.mp4"的画面已被放大，可以在预览窗口查看制作的瞳孔转场效果，如图7-47所示。

图7-47

7.6
划像转场——调色对比视频

在达芬奇软件中，划像转场主要用于在两个场景之间实现平滑的过渡效果，可以表达同一个场景的时光变迁、四季更迭，也适用于体现调色前后差异的对比视频。下面介绍制作划像转场效果的方法，效果如图7-48所示。

图7-48

01 启动达芬奇软件，打开"划像转场"项目文件，进入"剪辑"界面，如图7-49所示。

图7-50

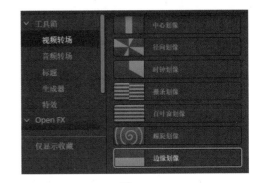

图7-51

图7-52

04 单击"边缘划像"效果，进入"特效库"面板，设置"角度"为90、"边框"为10，如图7-53所示。

图7-53

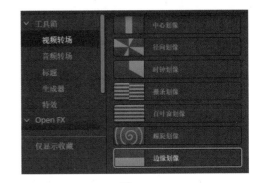

图7-49

02 在预览窗口中，可以查看导入项目的效果，如图7-50所示。

03 进入"特效库"面板，执行"工具箱"|"视频转场"|"划像"命令，找到"边缘划像"效果，如图7-51所示，拖至素材之间，如图7-52所示。

05 执行操作后，可以在预览窗口查看制作的划像转场效果，如图7-54所示。

图7-54

7.7
水墨转场——古装人物混剪

水墨转场伴随着水墨的流动、晕染等动态效果，能够赋予视频以中国传统水墨画的韵味和美感。这种转场方式适用于具有古风、中国风氛围的视频。下面介绍制作水墨转场效果的方法，效果如图7-55所示。

图7-55

01 启动达芬奇软件，打开"水墨转场"项目文件，如图7-56所示。

02 在预览窗口中，可以查看导入项目的效果，如图7-57所示。

图7-56

图7-57

03 进入"特效库"面板，执行"Open FX滤镜"|"Resolve FX抠像"|"亮度键控器"命令，如图7-58所示，并将其拖动到"水墨.mp4"素材上，如图7-59所示。

图7-58

图7-59

04 将时间指示器移至01:00:03:00处，如图7-60所示，单击素材"水墨.mp4"，再选择"Open FX叠加"选项，如图7-61所示。

图7-60　　　　　　　图7-61

> **提示：**
> 　　达芬奇的"Open FX叠加"功能允许用户将各种视觉效果和转场插件应用于视频剪辑中。

05 进入右侧的"检查器"面板，选择"特效"标签页，保证下方"拾取"图标 高亮，如图7-62所示，进入视频轨道V3，单击"禁用视频轨道"按钮，如图7-63所示。

图7-62

图7-63

06 单击"检视器"画面的黑色区域，此时"检视器"的画面如图7-64所示。启用视频轨道V3的轨道，

如图7-65所示。

图7-64

图7-65

07 进入"检查器"面板"视频"标签页，在"合成"中将"合成模式"从"普通"改为Alpha，如图7-66所示。

图7-66

08 单击视频轨道V3上的素材"01.mp4"，进入"检查器"面板，在"合成"中将"合成模式"从"普通"改为"前景"，如图7-67所示。

09 将时间指示器移至01:00:04:01处，如图7-68所示，单击视频轨道V2上的"水墨.mp4"素材，如图7-69所示。

图7-67

图7-68

图7-69

⑩ 进入"检查器"面板，在"缩放"上标记关键
帧，如图7-70所示。

图7-70

⑪ 将时间指示器移至01:00:06:00处，如图7-71所示。

图7-71

⑫ 进入"检查器"面板，设置"缩放"为"X=5.306；
Y=5.306"，并标记关键帧，如图7-72所示。

图7-72

⑬ 执行操作后，可以在预览窗口查看制作的水墨转
场效果，如图7-73所示。

图7-73

⑭ 后面的素材参照步骤03～09的相同原理剪辑
即可。

7.8
变速转场——旅游景点混剪

在达芬奇软件中，我们可以使用变速功能对视频进行变速调整，这类转场方式适用于混剪视频、快闪视频。下面介绍制作变速转场效果的方法，效果如图7-74所示。

图7-74

01 启动达芬奇软件，打开"变速转场"项目文件，如图7-75所示。

图7-75

02 单击音频轨道A2上的"积极活力.wav"音频素材，分别在01:00:00:00、01:00:01:19、01:00:03:18、01:00:05:18、01:00:07:18、01:00:09:18处打上标记，如图7-76所示。

图7-76

03 将素材"01.mp4"拖入视频轨道V1中，如图7-77所示。

04 选中素材"01.mp4"，按快捷键Ctrl+R打开变速控制条，如图7-78所示。

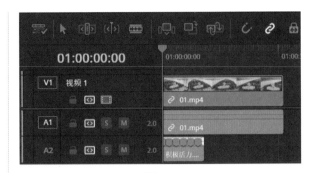

图7-77

图7-78

05 将光标移至素材上方，按住鼠标左键向左拖动，直至素材下方的数值变为400%，如图7-79所示。

图7-79

06 将时间指示器分别移至01:00:02:13与01:00:06:20处，选中素材"01.mp4"，按快捷键Ctrl+【添加两个速度点，如图7-80所示。

图7-80

07 按住第二个速度点上方的图标，向左拖动，直至素材下方的数值变为1217%，如图7-81所示。

图7-81

08 将时间指示器移至01:00:00:10处，按住第一个速度点下方的图标，向左拖动至时间指示器位置，如图7-82所示。

图7-82

09 将时间指示器移至01:00:01:02处，按住第二个速度点下方的图标，向左拖动至时间指示器位置，如图7-83所示。

图7-83

10 切换至"剪切"模式，将位于01:00:01:19处以后的素材"01.mp4"视频片段删除，如图7-84所示。

图7-84

11 参照步骤04～12，按顺序将素材"03.mp4"、素材"02.mp4"、素材"05.mp4"、素材"06.mp4"、素材"04.mp4"进行相似剪辑处理，最终效果如图7-85所示。

图7-85

12 执行操作后，可以在预览窗口查看制作的变速转场效果，如图7-86所示。

图7-86

第 8 章
片头片尾：让视频的开场和结尾更精彩

好的片头、片尾在视频制作中具有不可替代的作用。它们不仅是视频内容的重要组成部分，更是提升视频吸引力、传达主题风格的重要工具。本章将介绍后期剪辑中常见的几种片头片尾剪辑方法，意在让用户制作出更为精致的视频。

8.1
水墨片头——古风视频开场

水墨片头是指采用水墨画元素和风格制作的视频开头。它运用黑白色的线条与水墨的晕染效果，营造出一种独特的艺术氛围。水墨片头通常适用于具有古风、中国风氛围的视频。下面介绍制作水墨片头效果的方法，效果如图8-1所示。

图8-1

01 启动达芬奇软件，打开"水墨片头"项目文件，进入"剪辑"界面，如图8-2所示。

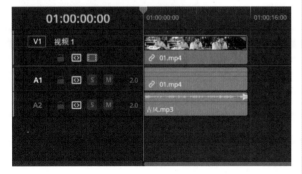

图8-2

02 在预览窗口中，可以查看导入项目的效果，如图8-3所示。

图8-3

03 进入"媒体池"面板，将素材"水墨晕染.mp4"拖入视频轨道V2中，如图8-4所示。

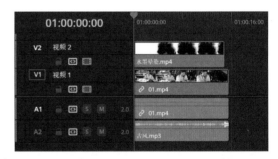

图8-4

04 进入"特效库"面板，执行"Open FX"|"Resolve FX"|"亮度键控器"命令，将效果拖入素材"水墨晕染.mp4"中，如图8-5所示。

图8-5

提示：

达芬奇软件里的"亮度键控器"允许用户针对画面亮度进行抠像。

05 找到"Open FX叠加"选项，如图8-6所示。

图8-6

06 进入"检查器"面板，再进入"特效"标签页，在"素材监视器"面板中单击画面黑色区域，此时画面如图8-7所示。

图8-7

07 进入"视频"标签页，将"缩放"设置为"X：1.27；Y：1.27"，如图8-8所示。

图8-8

08 进入"媒体池"面板，将素材"白云.mov"拖入视频轨道V3和视频轨道V4中，如图8-9所示。

图8-9

09 单击视频轨道V3中的"白云.wav"素材，进入"检查器"面板，将"位置"处的Y值设置为-289，如图8-10所示。

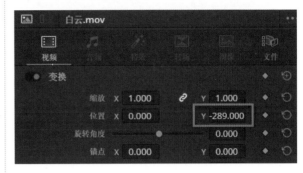

图8-10

10 单击视频轨道V4中的"白云.mov"素材，进入"检查器"面板，将"位置"处的Y值设置为300、"旋转角度"设置为180，如图8-11所示。

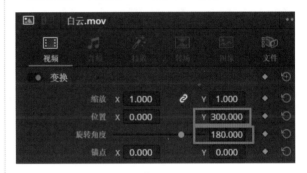

图8-11

11 进入"特效库"面板，执行"工具箱"|"标题"|"字幕"命令，找到"文本"，拖入视频轨道V5中，如图8-12所示。

图8-12

12 在"多信息文本"中输入"水墨丹青里的诗意生活"，设置"字体系列"为"方正北魏楷书繁体"、"颜色"为"红色"、"大小"为50、"位置"为"X：960；Y：540"，如图8-13所示。

图8-13

13 进入"特效库"面板，执行"工具箱"|"标题"|"字幕"命令，找到"Text+"，拖入视频轨道V6中，如图8-14所示。

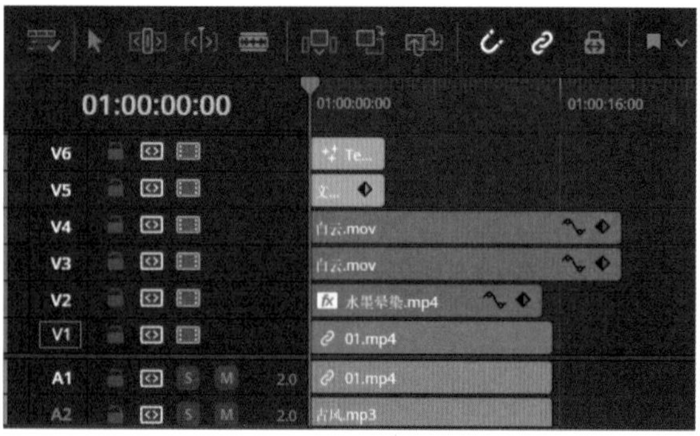

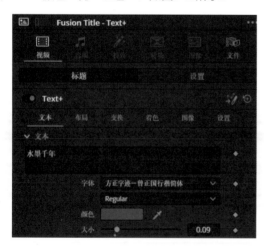

图8-14

14 单击"Text+"，在"文本"中输入"水墨千年"，设置"字体"为"方正字迹一曾正国行楷简体"、"颜色"为"红色"，如图8-15所示。

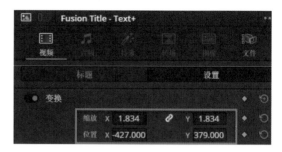

图8-15

15 继续进入"设置"标签页，将"缩放"设置为"X：1.834；Y：1.834"、"位置"设置为"X：-427；Y：379"，如图8-16所示。

图8-16

16 将时间指示器移至01:00:05:00处，裁剪视频轨道V2~V6的所有素材，并删除多余部分，如图8-17所示。

图8-17

17 执行操作后，可以在预览窗口查看制作的水墨片头效果。

8.2
卷轴开场——国潮婚礼开场

卷轴开场通过模拟古代卷轴展开的效果，为视频增添了古色古香的独特视觉韵味，这种开场方式通常应用于传统文化类、历史类、古风类视频。下面介绍制作卷轴开场效果的方法，效果如图8-18所示。

图8-18

01 启动达芬奇软件，打开"卷轴开场"项目文件，进入"剪辑"界面，如图8-19所示。

图8-19

02 在预览窗口中，可以查看导入项目的效果，如图8-20所示。

图8-20

03 进入"媒体池"面板，将素材"卷轴打开.mp4"拖动至视频轨道V2中，如图8-21所示。

图8-21

04 进入"特效库"面板，执行"Open FX"|"Resolve FX抠像"命令，找到"亮度键控器"，拖入素材"卷轴打开.mp4"中，如图8-22所示。

图8-22

05 找到"Open FX叠加"选项，如图8-23所示。

图8-23

06 进入"检查器"面板，再进入"特效"标签页，在"检视器"面板中单击画面黑色区域，此时画面如图8-24所示。

图8-24

07 将时间指示器移至01:00:00:21处，裁剪前面多余素材，如图8-25所示。

图8-25

08 将时间指示器移至01:00:13:01处，裁剪后面多余素材，如图8-26所示。

图8-26

09 进入"媒体池"面板，将素材"01.mp4"～"03.mp4"依序拖动至视频轨道V3中，如图8-27所示。

图8-27

10 将时间指示器移至01:00:06:01处，如图8-28所示。

图8-28

11 裁剪素材"01.mp4"后面多余素材，如图8-29所示。

图8-29

12 将时间指示器移至01:00:08:21处，裁剪素材"02.mp4"后面多余素材，如图8-30所示。

图8-30

13 将时间指示器移至01:00:13:01处，裁剪素材"03.

mp4"后面多余素材，如图8-31所示。

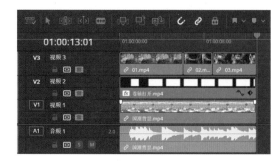

图8-31

14 单击素材"01.mp4"，进入"检查器"面板，进入"视频"标签页，取消点亮"缩放"处的"链接"按钮，将"缩放"设置为"X：0.76；Y：0.7、"位置"设置为"X：1；Y：−4"，如图8-32所示。

图8-32

15 参考步骤13，将素材"02.mp4"与素材"03.mp4"的"位置"与"大小"参数与素材"01.mp4"同步，如图8-33和图8-34所示。

图8-33

图8-34

16 单击素材"01.mp4"，将时间指示器移至00:00:00:00处，执行"检查器"|"视频"命令，找到"裁切"，设置"裁切右侧"为1920，并标记关键帧，如图8-35所示。

图8-35

17 将时间指示器移至00:00:02:19处，设置"裁切右侧"为7，并标记关键帧，如图8-36所示。

图8-36

18 随后拖动时间指示器，观察素材裁切动画的移动情况，根据卷轴移动速度给素材"01.mp4"的标记关键帧，适当调整素材"01.mp4"移动速度。

19 进入"特效库"面板，执行"工具箱"|"标题"|"字幕"命令，找到"文本"，如图8-37所示，拖入视频轨道V4中，如图8-38所示。

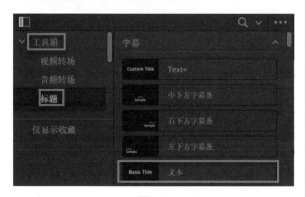

图8-37

图8-38

20 在"多信息文本"中输入"国潮婚礼"，设置"字体系列"为"方正字迹-四海行书简体"、"大小"为254、"字距"为17，如图8-39所示。

图8-39

21 在"描边"选项卡中，设置"色彩"为"黑色"、"大小"为4，如图8-40所示。

图8-40

22 将时间指示器移至00:00:00:00处，切换进入"设置"标签页，找到"裁切"选项，设置"裁切右侧"为1758.80，并标记关键帧，如图8-41所示。

23 将时间指示器移至00:00:02:15处，找到"裁切"选项，设置"裁切右侧"为249.20，并标记关键帧，如图8-42所示。

图8-41

图8-42

24 随后长按鼠标左键拖动时间指示器，观察文本裁切动画的移动情况，根据卷轴移动速度给文本标记关键帧，适当调整文本移动速度。

25 执行操作后，可以在预览窗口查看制作的卷轴开场效果。

8.3
快闪片头——企业活动开场

快闪片头通过快速切换的图像、文字、动画等元素，配合节奏感强烈的音乐，迅速吸引观众的注意力，并为视频内容设定基调，快闪片头通常应用于企业宣传视频、广告营销视频、活动开场视频，起到短时间内迅速吸引观众注意力的作用。下面介绍制作快闪片头效果的方法，效果如图8-43所示。

图8-43

01 启动达芬奇软件，打开"快闪片头"项目文件，进入"剪辑"界面，如图8-44所示。

图8-44

02 将"媒体池"面板中的音频"快闪.wav"拖动至音频轨道A1中，如图8-45所示。

图8-45

03 将时间指示器移至01:00:09:12处，裁剪多余素材，如图8-46所示。

图8-46

04 单击音频"快闪.wav"，配合节拍与音波在音波高峰处进行标记，如图8-47所示。

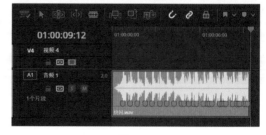

图8-47

05 将时间指示器移至01:00:00:18处，进入"特效库"面板，执行"工具箱"|"标题"|"字幕"命令，找到"文本"，拖入视频轨道V2中，如图8-48所示。

图8-48

06 单击"文本"，进入"检查器"面板，在"多信息文本"中输入"欢迎各位"，设置"字体系列"为"方正中俊黑简体"、"大小"为300，如图8-49所示。

图8-49

07 将时间指示器移至01:00:01:06处，裁剪多余片段，如图8-50所示，并新建"文本"，紧挨时间指示器拖入视频轨道V2中，如图8-51所示。

图8-50

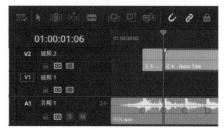

图8-51

08 单击"文本"，进入"检查器"面板，在"多信息文本"中输入"来到"，设置"字体系列"为"方正中俊黑简体"、"大小"为600，如图8-52所示。

图8-52

09 将时间指示器移至01:00:01:18处，裁剪多余片段，如图8-53所示。

图8-53

10 新建"文本"，紧挨时间指示器拖入视频轨道V2中，如图8-54所示。

图8-54

11 单击"文本"，进入"检查器"面板，在"多信息文本"中输入"我们"，设置"字体系列"为"方正中俊黑简体"、"大小"为600、颜色为"黑色"，如图8-55所示。

图8-55

12 进入"特效库"面板，执行"工具箱"|"生成器"命令，找到"纯色"，拖入视频轨道V1中，如图8-56所示。

图8-56

13 单击素材"纯色"，进入"检查器"面板，设置"色彩"为"白色"，如图8-57所示。

图8-57

14 将时间指示器移至01:00:02:06处，裁剪多余片段，如图8-58所示，新建"文本"，紧挨时间指示器拖入视频轨道V2中，如图8-59所示。

图8-58

15 单击"文本"，进入"检查器"面板，在"多信息文本"中输入"的"，设置"字体系列"为"方正中俊黑简体"、"大小"为600，如图8-60所示。

图8-59

图8-60

16 将时间指示器移至01:00:02:18处，裁剪多余片段，如图8-61所示，新建"文本"，紧挨时间指示器拖入视频轨道V2中。

图8-61

17 单击"文本"，进入"检查器"面板，在"多信息文本"中输入"本次"，设置"字体系列"为"方正中俊黑简体"、"大小"为700，如图8-62所示。

图8-62

18 将时间指示器移至01:00:03:06处，裁剪多余片段，如图8-63所示。

图8-63

19 新建"文本"，紧挨时间指示器拖入视频轨道V2中，如图8-64所示。

图8-64

20 单击"文本"，进入"检查器"面板，在"多信息文本"中输入"企业活动"，设置"字体系列"为"方正中俊黑简体"、"大小"为300、颜色为"黑色"，如图8-65所示。

图8-65

21 进入"特效库"面板，执行"工具箱"|"生成器"命令，找到"纯色"，拖入视频轨道V1中，如图8-66所示。

22 单击素材"纯色"，进入"检查器"面板，设置"色彩"为"白色"，如图8-67所示。

图8-66

图8-67

23 将时间指示器移至01:00:03:18处，裁剪多余片段，如图8-68所示，新建"文本"，紧挨时间指示器拖入视频轨道V2中，如图8-69所示。

图8-68

图8-69

24 单击"文本"，进入"检查器"面板，在"多信息文本"中输入"是的"，设置"字体系列"为"方正中俊黑简体"、"大小"为600，如图8-70所示。

图8-70

25 将时间指示器移至01:00:04:06处，裁剪多余片段，如图8-71所示。

图8-71

26 新建"文本"，紧挨时间指示器拖入视频轨道V2中，如图8-72所示。

图8-72

27 单击"文本"，进入"检查器"面板，在"多信息文本"中输入"你没看错"，设置"字体系列"为"方正中俊黑简体"、"大小"为400，如图8-73所示。

图8-73

28 将时间指示器移至01:00:04:18处，裁剪多余片段，如图8-74所示，新建"文本"，紧挨时间指示器拖入视频轨道V2中，如图8-75所示。

图8-74

图8-75

29 单击"文本"，进入"检查器"面板，在"多信息文本"中输入"准备"，设置"字体系列"为"方正中俊黑简体"、"大小"为600、颜色为"黑色"，如图8-76所示。

图8-76

30 进入"特效库"面板，执行"工具箱"|"生成器"命令，找到"纯色"，拖入视频轨道V1中，如图8-77所示。

图8-77

31 单击素材"纯色"，进入"检查器"面板，设置"色彩"为"白色"，如图8-78所示。

图8-78

32 将时间指示器移至01:00:04:20处，裁剪多余片段，如图8-79所示。

图8-79

33 新建"文本"，紧挨时间指示器拖入视频轨道V3中，如图8-80所示。

图8-80

34 单击"文本"，进入"检查器"面板，在"多信息文本"中输入"准备"，设置"字体系列"为"方正中俊黑简体"、"大小"为600，如图8-81所示。

图8-81

35 进入"特效库"面板，执行"工具箱"|"生成器"命令，找到"纯色"，拖入视频轨道V1中，如图8-82所示。

图8-82

36 单击素材"纯色"，进入"检查器"面板，设置"色彩"为"黑色"，如图8-83所示。

图8-83

37 同时选中"文本"与"纯色"素材，右击并在弹出的快捷菜单中选择"新建复合片段"选项，单击"创建"按钮，如图8-84所示。

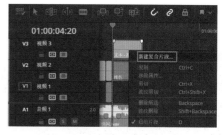

图8-84

38 单击复合片段，进入"检查器"面板，在"合成模式"中选择"深色"选项，如图8-85所示。

图8-85

39 将素材"图片01.jpg"导入视频轨道V1中，如图8-86所示。

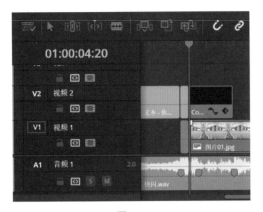

图8-86

40 将时间指示器移至01:00:05:06处，裁剪多余片段，如图8-87所示。

图8-87

41 参照步骤05和步骤06，在"多信息文本"中输入"好了吗"，设置"大小"为600，如图8-88所示，将时间指示器移至01:00:05:14处，裁剪多余片段。

图8-88

42 参照步骤05和步骤06，在"多信息文本"中输入"不要眨眼"，设置"大小"为500，如图8-89所示，将时间指示器移至01:00:05:17处，裁剪多余片段。

图8-89

43 新建复合片段，选择"深色"合成模式，如图8-90所示，导入素材"图片02.jpg"，将时间指示器移至01:00:06:06处，裁剪多余片段，如图8-91所示。

图8-90

图8-91

44 参照步骤05和步骤06，在"多信息文本"中输入"精彩"，设置"大小"为300，如图8-92所示，将时间指示器移至01:00:06:16处，裁剪多余片段。

图8-92

45 参照步骤05和步骤06，在"多信息文本"中输入"马上开始"，设置"大小"为500，如图8-93所示，将时间指示器移至01:00:07:09处，裁剪多余片段。

图8-93

46 参照步骤05和步骤06，在"多信息文本"中输入"跟我一起倒计时"，设置"大小"为200、"颜色"为"白色"，如图8-94所示。

图8-94

47 将时间指示器移至01:00:07:19处，裁剪多余片段，如图8-95所示。

图8-95

48 将时间指示器移至01:00:07:13处，进入"特效库"面板，执行"工具箱"|"生成器"命令，找到"纯色"，拖入视频轨道V1中，如图8-96所示。

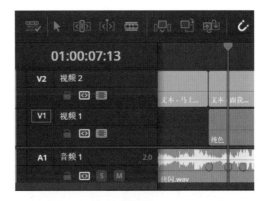

图8-96

49 单击素材"纯色"，进入"检查器"面板，设置"色彩"为"黑色"，如图8-97所示。

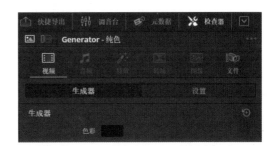

图8-97

50 将时间指示器移至01:00:07:13处，裁剪多余片段，如图8-98所示。

图8-98

51 参照步骤44和步骤45，设置"色彩"为"绿色"，如图8-99所示。

图8-99

52 将时间指示器移至01:00:07:16处，裁剪多余片段，如图8-100所示。

图8-100

53 设置"色彩"为"蓝色"，将时间指示器移至01:00:07:19处，裁剪多余片段，如图8-101所示。

图8-101

54 输入文本3，设置"大小"为800、"颜色"为"白色"，如图8-102所示。

图8-102

55 进入"特效库"面板，执行"工具箱"|"生成器"命令，找到"纯色"，拖入视频轨道V1中，如图8-103所示。

56 单击素材"纯色"，进入"检查器"面板，设置"色彩"为"绿色"，如图8-104所示。

57 参照步骤05和步骤06，在"多信息文本"中输入2，设置"大小"为800、"颜色"为"白色"，如图8-105所示。

图8-103

图8-104

图8-105

58 参照步骤42～47，拖动3个"纯色"背景至视频轨道V1中，分别改为"粉色""蓝色""红色"，并将时间指示器移至01:00:08:18处，裁剪多余片段，如图8-106所示。

图8-106

59 参照步骤51～53，在"多信息文本"中输入1，将时间指示器移至01:00:09:12处，裁剪多余片段，如图8-107所示。

图8-107

60 执行操作后，可以在预览窗口查看制作的企业活动开场效果。

8.4
电影开幕——电影片头开幕

在达芬奇软件中，我们可以通过电影感的音乐搭配16:9的电影感画幅，制作出一个电影感的片头，电影感片头通常适用于宣传片中。下面介绍制作电影片头效果的方法，效果如图8-108所示。

图8-108

01 启动达芬奇软件，打开"电影开幕"项目文件，进入"剪辑"界面，如图8-109所示。

图8-109

02 将音频"电影感震撼片头.wav"导入音频轨道A2中，如图8-110所示。

图8-110

03 将时间指示器移至01:00:00:18处，裁剪时间指示器之前的多余片段，如图8-111所示。

图8-111

04 将时间指示器移至01:00:07:07处，裁剪时间指示器之后的多余片段，如图8-112所示。

图8-112

05 将裁剪后的音频"电影感震撼片头.wav"拖动至开头，如图8-113所示。

06 将素材"01.mp4"拖动至视频轨道V1上，将时间指示器移至01:00:06:13处，裁剪多余片段，如图8-114所示。

图8-113

图8-114

07 将时间指示器移至01:00:00:08处，进入"特效库"面板，执行"工具箱"|"生成器"命令，找到"纯色"，如图8-115所示，拖入视频轨道V2中，如图8-116所示。

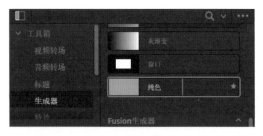

图8-115

图8-116

08 进入"特效库"面板，执行"工具箱"|"标

题"|"字幕"命令，找到"文本"，如图8-117所示，分别拖动至视频轨道V3和视频轨道V4中，如图8-118所示。

图8-117

图8-118

09 在视频轨道V4的"多信息文本"中输入"CHANG SHA"，设置"字体系列"为"方正兰亭圆简体_中"、"大小"为96、"位置"为"X：941；Y：236"，如图8-119所示。

图8-119

10 在视频轨道V5的"多信息文本"中输入"长沙"，设置"字体系列"为"方正启笛繁体"、"大小"为576、"字距"为46、"位置"为"X：866；Y：541"，如图8-120所示。

11 将视频轨道V3～V5上的素材同时选中，右击并在弹出的快捷菜单中选择"新建复合片段"选项，如图8-121所示。

图8-120

图8-121

12 单击复合片段，进入"检查器"面板，找到"视频"标签页的"合成"选项，"合成模式"选择"深色"，如图8-122所示。

图8-122

13 将时间指示器移至01:00:02:02处，分割复合片段与视频轨道V2～V5上的素材"01.mp4"，如图8-123所示。

图8-123

14 单击时间指示器之后的复合片段进入"调色"界面，如图8-124所示。

图8-124

15 进入"节点"面板，按快捷键Alt+S新建节点02，如图8-125所示，在空白处右击添加"Alpha通道"，将节点02的输出端与"Alpha输出"端连接，如图8-126所示。

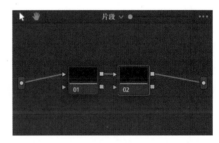

图8-125

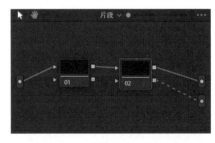

图8-126

16 进入"窗口"面板，选择"四边形"工具，再单击"反向"按钮，如图8-127所示。

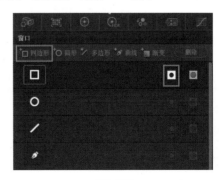

图8-127

17 进入"检视器"面板,将遮罩移动到画面最中心,并将四边形窗口压缩,如图8-128所示。

图8-128

18 进入"关键帧"面板,将时间指示器移至00:00:02:17处,在"矫正器2"中单击"自动关键帧"按钮◆,如图8-129所示。

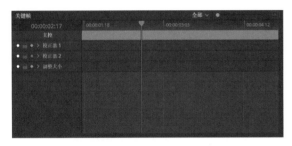

图8-129

19 向前移动关键帧,并慢慢挪动遮罩,至遮罩完全覆盖画面即可,如图8-130所示。

图8-130

20 拖动时间指示器,可以查看遮罩运动情况,如图8-131所示。

图8-131

21 执行操作后,可以在预览窗口查看制作的电影开幕效果,如图8-132所示。

图8-132

8.5
文字分割——Vlog 视频开场

在达芬奇软件中,我们可以利用Fusion制作出文字分割效果,这类开场适用于Vlog的视频开头。下面介绍制作文字分割效果的方法,效果如图8-133所示。

图8-133

01 启动达芬奇软件,打开"文字分割"项目文件,进入"剪辑"界面,如图8-134所示。

图8-134

02 将音频"运动.wav"导入音频轨道A1中，如图8-135所示。

图8-135

03 将时间指示器移至01:00:00:16处，裁剪时间指示器之前的片段，如图8-136所示。

图8-136

04 将时间指示器移至01:00:09:15处，裁剪时间指示器之后的片段，如图8-137所示。

图8-137

05 将音频素材"运动.wav"拖动至开头，如图8-138所示。

图8-138

06 在"媒体池"面板中找到素材"01.mp4"～"03.mp4"并依序拖动至视频轨道V1中，如图8-139所示。

图8-139

07 将时间指示器移至01:00:02:22处，裁剪时间指示器后素材"01.mp4"多余片段，如图8-140所示。

图8-140

08 按Backspace键删除空余片段，如图8-141所示。

图8-141

09 将时间指示器移至01:00:06:01处，裁剪时间指示器后素材"02.mp4"多余片段，如图8-142所示。

图8-142

10 按Backspace键删除空余片段，如图8-143所示。

图8-143

11 将时间指示器移至01:00:08:23处，裁剪时间指示器后素材"03.mp4"多余片段，如图8-144所示。

图8-144

12 在"特效库"面板中执行"工具箱"|"特效"|"Fusion合成"命令，如图8-145所示，拖动至视频轨道V2中。

图8-145

13 在"特效库"面板中执行"工具箱"|"字幕"|"文本"命令，如图8-146所示，拖入视频轨道V3中。

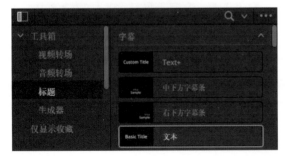

图8-146

14 将时间指示器移至01:00:02:22处，裁剪时间指示器后Fusion及文本多余片段，如图8-147所示。

图8-147

15 单击"文本"，进入"检查器"面板，在"多信息文本"中输入"S N O W B O A R D"，设置"字距"为100、"位置"为"X: 960; Y: 540"，如图8-148所示。

图8-148

16 单击片段"Fusion合成"，进入Fusion界面，如图8-149所示。

图8-149

17 在工具栏中找到"文字"按钮 T，拖入"节点"面板，如图8-150所示。

18 在工具栏中找到"矩形"按钮 ，拖入"节点"面板，如图8-151所示。

19 将各节点之间连接，如图8-152所示。

图8-150

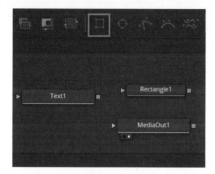

图8-151

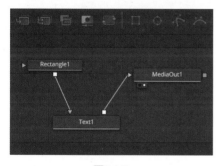

图8-152

20 单击"Text文本"节点，在文本中输入"雪域飞驰"，设置"字体"为"方正颜宋简体_黑"、"大小"为0.3268，如图8-153所示。

图8-153

21 单击"Rectangle矩形"节点，在"检查器"面板中勾选"反向"复选框，设置"高度"为0、"宽

度"为0.984，将时间指示器移至01:00:00:08处，在"高度"上标记关键帧，如图8-154所示。

图8-154

22 将时间指示器移至01:00:00:14处，将"高度"设置为0.1，并标记关键帧，如图8-155所示。

图8-155

23 执行操作后，可以在预览窗口查看制作的文字分割效果。

8.6
影视片尾——电影谢幕片尾

电影片尾的视频制作是电影后期制作的重要环节之一，它不仅为观众提供了影片的结束标志，还常常包含影片的出品方、制作团队、鸣谢单位、版权信息等重要内容，是电视剧/电影剪辑中不可或缺的一部分。下面介绍制作电影谢幕片尾效果的制作方法，如图8-156所示。

图8-156

01 启动达芬奇软件，打开"影视片尾"项目文件，进入"剪辑"界面，如图8-157所示。

图8-157

02 从"媒体池"面板中找到素材"01.mp4"拖入视频轨道V1中，如图8-158所示。

图8-158

03 将时间指示器移至01:00:08:03处，裁剪时间指示器后多余片段，如图8-159所示。

图8-159

04 进入"特效库"面板，执行"工具箱"|"特效"中找到"Fusion合成"命令，拖入视频轨道V2中，并拉长至与素材"01.mp4"同长，如图8-160所示。

图8-160

05 单击"Fusion合成"，进入Fusion界面，如图8-161所示。

图8-161

06 在工具栏中找到"Background背景"按钮，拖动至"节点"面板，如图8-162所示。

图8-162

07 将"Background1"节点与"MediaOut1"节点相连，如图8-163所示。

图8-163

08 在工具栏中找到"Text文本"按钮，拖动至"节点"面板，如图8-164所示。

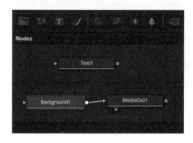

图8-164

09 将"Text1"节点与"Background1"节点连接，此时"节点"面板将自动生成"Merge"节点，如图8-165所示。

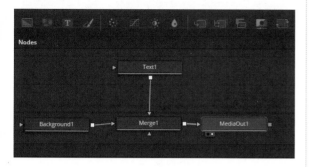

图8-165

10 单击"Text1"节点，进入"检查器"面板，在文本中复制准备好的演职员表，如图8-166所示。

图8-166

11 设置"字体"为"方正兰亭宋_GBK"、"大小"为0.0472，如图8-167所示。

图8-167

12 在工具栏中找到"Transform变换"按钮，添加至"节点"面板，如图8-168所示。

13 单击"Transform1"节点，进入"检查器"面板，将时间指示器移至第1帧，设置"中心"的Y值为-6.182，添加关键帧，如图8-169所示。

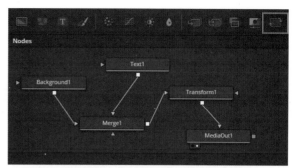

图8-168

图8-169

14 将时间指示器移至第194帧，设置"中心"的Y值为7.13，添加关键帧，如图8-170所示。

图8-170

15 单击"Background1"节点，进入"检查器"面板，设置Alpha为0.0，如图8-171所示。

图8-171

16 执行操作后，回到"剪辑"界面，可以在预览窗口查看制作的影视片尾制作效果，如图8-172所示。

图8-172

8.7
模糊片尾——年度回顾相册

在视频剪辑中，我们通常可以在视频片尾的最后几秒使用模糊效果对视频进行结尾，这种片尾结束方式通常也是应用最广泛的视频结尾方式。下面介绍制作模糊片尾效果的制作方法，如图8-173所示。

图8-173

01 启动达芬奇软件，打开"模糊片尾"项目文件，进入"剪辑"界面，如图8-174所示。

图8-174

02 从"媒体池"面板中将"电子相册"导入视频轨道V1中，如图8-175所示。

图8-175

03 将时间指示器移至01:00:14:15处，进入"特效库"面板，执行"工具箱"|"标题"|"Fusion标题"命令，找到"Clean and Simple"，并拖动至时间指示器之后，如图8-176所示。

图8-176

04 将时间指示器移至01:00:17:16处，裁剪素材"Clean and Simple"后多余片段，如图8-177所示。

图8-177

05 单击素材"Clean and Simple"，在"Big Text"中输入"时光.印记"，设置"字体"为"方正彩源体简体"、"大小"为0.1142，如图8-178所示。

06 单击素材"电子相册.mp4"，进入"调色"界面，如图8-179所示。

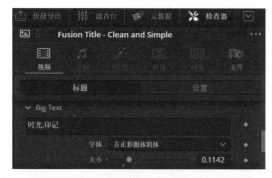

图8-178

图8-179

07 进入"关键帧"面板，将时间指示器移至01:00:14:21处，在"矫正器1"中单击"自动关键帧"按钮■，如图8-180所示。

图8-180

08 进入"模糊"窗口，调整"半径"至0.47，如图8-181所示。

图8-181

09 将时间指示器移至00:00:17:05处，在"模糊"窗口中调整"半径"至0.89，如图8-182所示。

图8-182

10 执行操作后，可以在预览窗口查看制作的模糊片尾效果。

8.8 画面消散——质感家居展示

渐隐效果是最常见的消散结尾方式之一，在视频结尾部分通过遮罩和粒子消散效果，使画面逐渐消失，呈现出独特的视觉效果。下面介绍制作画面消散效果的制作方法，如图8-183所示。

图8-183

01 启动达芬奇软件，导入项目文件，打开"画面消散"项目文件，进入"剪辑"界面，如图8-184所示。

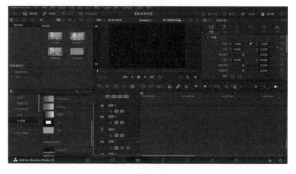

图8-184

02 从"媒体池"面板中将音频"时尚.wav"拖动至音频轨道A1中，如图8-185所示。

图8-185

03 将时间指示器移至01:00:09:17处，裁剪时间指示器后多余片顿，如图8-186所示。

图8-186

04 从"媒体池"面板中将素材"01.mp4"导入视频轨道V1中，如图8-187所示。

图8-187

05 将时间指示器移至01:00:06:08处，裁剪时间指示器后多余片段，如图8-188所示。

图8-188

06 进入"特效库"面板，执行"工具箱"|"生成器"命令，找到"纯色"并拖动至时间指示器之后，并裁剪01:00:09:17后多余片段，如图8-189所示。

图8-189

07 将素材"定格帧"拖动至01:00:06:08之后，并裁剪01:00:09:17后多余片段，如图8-190所示。

图8-190

08 单击"定格帧"按钮，并进入Fusion界面，如图8-191所示。

图8-191

09 在工具栏中找到"粒子发射器"■和"粒子接收器"■按钮，添加至"节点"面板，如图8-192所示。

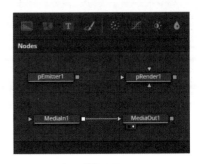

图8-192

⑩ 将"pEmitter1"连接"pRender1"，如图8-193所示。

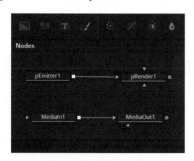

图8-193

⑪ 单击节点"pRender1"，进入"检查器"面板，"输出模式"更改为"二维"，如图8-194所示。

图8-194

⑫ 将时间指示器移至第0帧，在工具栏单击"Polygon"按钮■和"MatteControl"按钮■，创建两个新节点，如图8-195所示。

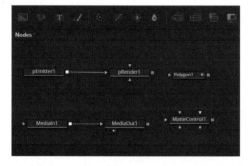

图8-195

提示：

达芬奇软件中"Matte Control"节点通常在绿幕抠像等操作中使用较多，其中黄色三角形代表背景输入端，绿色三角形代表遮罩输入端，灰色正方形代表合成输入端。灰色三角形输入端Garbage Matte可以将蒙版中不需要的地方用遮罩圈起来抠掉；白色三角形输入端Solid Matte，其作用与Garbage Matte相反，其圈选的地方是保留的。

⑬ 单击"Polygon1"节点，进入"检视器"面板，在文字左侧绘制一个长方形遮罩，如图8-196所示。

图8-196

⑭ 将时间指示器移至末尾，将遮罩盖住整个画面，如图8-197所示。

图8-197

⑮ 鼠标右键按住"MediaIn1"节点输出端，连接到"MatteControl1"节点，选择"背景"选项，松开鼠标右键，如图8-198所示。

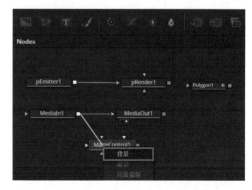

图8-198

⑯ 鼠标右键按住"Polygon1"节点输出端，连接到"MatteControl1"节点，选择"垃圾蒙版"选项，如图8-199所示，松开鼠标右键。

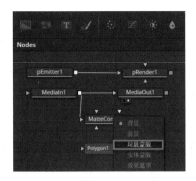

图8-199

17 单击"Polygon1"节点，进入"检查器"面板，设置"柔化边缘"为0.1339，如图8-200所示。

图8-200

18 单击"pEmitter1"节点，进入"检查器"面板，在"区域"标签页中，将"区域"更改为Cube，如图8-201所示。

图8-201

19 在"大小"中，将"宽度""高度""厚度"分别设置为0.047、0.717、0.1，如图8-202所示。

图8-202

20 将时间指示器移至第0帧，设置"X轴偏移"为-0.53、"Y轴偏移"为-0.024，标记关键帧，如图8-203所示。

图8-203

21 将时间指示器移至第57帧，设置"X轴偏移"为0.54、"Y轴偏移"为-0.03，标记关键帧，如图8-204所示。

图8-204

22 单击"pEmitter1"，进入"检查器"面板中的"控制"标签页，设置"数量"为1000、"数量变化"为28.3、"寿命"为50，如图8-205所示。

图8-205

23 进入"样式"标签页，将"样式"更改为Blob，如图8-206所示。

图8-206

24 单击"pEmitter1"，按住Shift键+空格键，输入"pTurbulence"，添加至"节点"面板，如图8-207所示。

图8-207

25 单击"pTurbulence"节点，进入"检查器"面板中的"控制"标签页，将"X轴强度"调整为0.4、"Y轴强度"调整为0.3，如图8-208所示。

图8-208

26 单击"pTurbulence"节点，按住Shift键+空格键，输入"pDirectionalForce1"，添加至"节点"面板，如图8-209所示。

图8-209

27 在工具栏中找到Merge按钮■，创建Merge节点，

如图8-210所示。

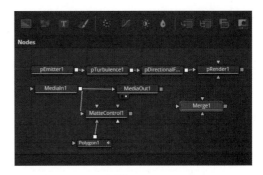

图8-210

28 将"pRender1"节点、"MatteControl1"节点分别与"Merge1"节点连接，如图8-211所示。

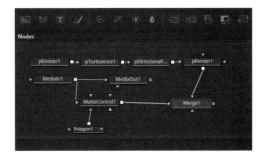

图8-211

29 单击"pRender1"节点，按住Shift键+空格键，输入"glow"，将Glow节点添加至"节点"面板，如图8-212所示。

图8-212

30 将"Merge1"节点与"MediaOut1"节点相连，如图8-213所示。

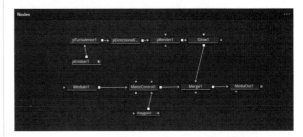

图8-213

31 执行操作后，可在预览窗口中查看制作的画面消散效果。

第 9 章
综合案例：《古风禅意短片》

近年来，随着社会节奏的加快，人们对于内心宁静的向往愈发强烈，古风禅意之美逐渐成为心灵的慰藉。在荧屏之上，古风禅意短片如同一股清流，引领着观众穿越时空，寻觅那份久违的平和与超脱。为了更深刻地触动人心，此类短片在制作时往往注重画面的精挑细选、意境的营造以及色彩的细腻调整。本章将深入探讨如何通过剪辑、调色等后期处理，精心打造富含禅意与古风之美的短片，引领观众步入一场视觉盛宴。

9.1
视频效果赏析

古风禅意短片是由多个古风感的视频片段组合而成的。在制作前，需要挑选好素材，确定要使用的视频片段。制作时，要根据短片的逻辑和氛围要求对视频片段进行合理排序，然后切换到"调色"界面，对"时间线"面板中的视频片段进行色彩调整，以确保画面色调与短片整体氛围相协调，然后为视频添加字幕、背景音乐和音效，最后将制作好的视频输出，效果如图9-1所示。

图9-1

图9-1（续）

9.2
导入素材进行剪辑

本节主要对视频素材进行剪辑和变速处理，首先需要导入多个视频素材，在调整其播放速度后，再使用"刀片编辑模式"工具对素材进行裁剪，具体操作方法如下。

01 创建"古风禅意短片"项目文件，进入达芬奇软件的"媒体"界面。在"媒体存储"面板中单击对应的磁盘目录，打开存放素材的文件夹，选择需要使用的视频和音频素材，长按鼠标左键将其拖动到下方的"媒体池"面板中，如图9-2所示。

图9-2

02 切换至"剪辑"界面，在"媒体池"面板中选择素材"01.mp4"～"08.mp4"，长按鼠标左键，将其拖动至"时间线"面板的视频轨道V1上，如图9-3所示。

图9-3

03 在"时间线"面板中选中素材"01.mp4",按快捷键Ctrl+R进入"变速控制"选项,将素材下方的数值改为200%,如图9-4所示。

图9-4

04 参照步骤03,将素材"02.mp4"~"07.mp4"的速度全部更改为200%,并删除所有空白片段,如图9-5所示。

图9-5

05 将时间指示器移至01:00:03:06处,裁剪时间指示器之前的素材"01.mp4"多余片段,并按Delete键删除空白区域,如图9-6所示。

图9-6

06 将时间指示器移至01:00:10:22处,裁剪时间指示器之前的素材"02.mp4"多余片段,并删除空白片段,如图9-7所示。

图9-7

07 将时间指示器移至01:00:18:23处,裁剪时间指示器之后的素材"02.mp4"多余片段,并删除空白片段,如图9-8所示。

图9-8

08 参照上述操作方法,在01:00:28:14、01:00:38:14、01:00:35:23、01:00:41:17、01:00:51:11、01:00:57:12处分割出可用素材并删除空白片段,如图9-9所示。

图9-9

9.3
制作调色基础预设

完成视频素材的剪辑工作后,即可切换至"调色"界面,调整素材画面的色彩。下面介绍具体的操作步骤。

01 在"时间线"面板中选中素材"01.mp4",切换至"调色"界面,展开"曲线-自定义"面板,在曲线上添加两个控制点,并将其拖动到合适位置,如图9-10所示。

图9-10

02 执行操作后，画面明暗对比明显，可以在预览窗口中查看调整后的效果，如图9-11所示。

图9-11

03 在"节点"面板中的01节点上右击，在弹出的快捷菜单中选择"添加节点"|"添加串行节点"选项，如图9-12所示。

图9-12

04 执行操作后，即可在"节点"面板中添加两个编号为02、03的串行节点，如图9-13所示。

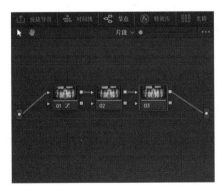

图9-13

05 单击节点02，展开"曲线-自定义"面板，在曲线上添加3个控制点，并将其拖动至合适位置，使画面更加柔和，明暗更有层次，如图9-14所示。

图9-14

06 单击节点03，展开"一级-校色轮"面板，在面板上方设置"色调"为-15.50，如图9-15所示。

图9-15

07 在面板中部设置"亮部"为0.95，如图9-16所示。

图9-16

08 在面板下方设置"饱和度"为40，如图9-17所示。

图9-17

9.4
应用调色基础预设

完成调色基础预设的创建之后，即可利用调色基础预设对余下的片段进行批量调色。下面介绍具体的操作步骤。

01 将光标移至预览窗口右击，在弹出的快捷菜单中选择"抓取静帧"选项，如图9-18所示。执行操作后，在"画廊"面板中可以查看刚刚创建的调色预设，如图9-19所示。

图9-18

图9-19

02 在界面右上角单击"片段"按钮，展开片段预览区，选中素材"02.mp4"，如图9-20所示，在"画廊"面板中右击刚刚创建的调色预设，在弹出的快捷菜单中选择"应用调色"选项，如图9-21所示。

03 执行操作后，系统将自动加载预设中的所有调色节点，如图9-22所示。

图9-20

图9-21

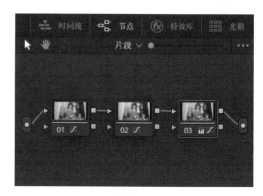

图9-22

04 单击素材"02.mp4"的节点01，进入"曲线-自定义"面板，在曲线上调整两个控制点的位置，如图9-23所示，使画面更加柔和，明暗更有层次。

图9-23

05 单击素材"02.mp4"的节点03，进入"一级-校色轮"面板，在面板上方调整"色温"为-50、"色调"为8.5，如图9-24所示。

图9-24

06 在面板中部调整"暗部"为-0.01、"中灰"为

0.03、"亮部"为1.06，如图9-25所示。

图9-25

07 参照步骤01~03，将调色预设应用到素材"03.mp4"上，如图9-26所示。

图9-26

08 单击素材"03.mp4"的节点01，进入"一级-校色轮"面板，设置面板上方的"色调"为-40.5、面板中部的"亮部"为1.06，如图9-27所示。

图9-27

09 单击素材"03.mp4"的节点02，在节点02上右击，在弹出的快捷菜单中选择"节点标签"选项，输入"肤色"，如图9-28所示。

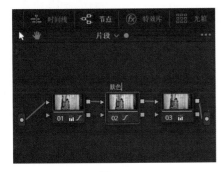

图9-28

10 进入"限定器-HSL"面板，将光标移至"检视器"面板左上方，单击"省略"按钮 ⋯ ，选择"突出显示"选项，如图9-29所示。

图9-29

11 鼠标左键长按人物面部至面部区域取样完全，松开鼠标左键，如图9-30所示。

图9-30

12 进入"窗口"面板，选择"圆形"窗口，如图9-31所示。

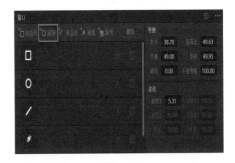

图9-31

13 在"检查器"面板中将圆形窗口拖动框选至人物面部区域，如图9-32所示。

图9-32

⓮ 打开"矢量图"面板，如图9-33所示。

图9-33

⓯ 进入"一级-校色轮"面板，一边观察"矢量图"面板中的肤色矫正线，一边在"中灰"中拖动白色控

制点至人物面部肤色不再发黄，至"中灰"处的数值分别为0.00、−0.04、0.01、0.05，如图9-34所示。

图9-34

⓰ 执行操作后，在预览窗口中可以查看最终的调色效果。参照上述操作方法，利用调色基础预设为余下素材调色，效果如图9-35所示。

图9-35

9.5
制作视频转场效果

完成调色工作后，可以在素材片段之间添加转场效果，使视频画面的切换更加平缓、自然。下面介绍具体的操作方法。

01 执行"视频转场"|"运动"命令，选择"双侧平推门"效果，如图9-36所示；长按鼠标左键，将选择的转场效果拖动至素材"01.mp4"与素材"02.mp4"之间，如图9-37所示。

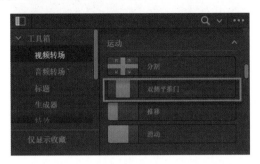

图9-36

图9-37

02 执行操作后，在预览窗口中可以查看添加的转场效果，如图9-38所示。

图9-38

03 执行"视频转场"|"叠化"命令，选择"交叉叠化"效果，如图9-39所示。

图9-39

04 长按鼠标左键，将选择的转场效果拖动至素材"02.mp4"与素材"03.mp4"之间，如图9-40所示。

图9-40

05 参照步骤3，在素材"03.mp4"和素材"04.mp4"之间、素材"04.mp4"和素材"05.mp4"之间、素材"07.mp4"和素材"08.mp4"之间添加"交叉叠化"效果，如图9-41所示。

图9-41

9.6 为视频添加标题字幕

添加转场效果后，接下来需要为视频添加合适的字幕，增强视频的艺术效果。下面介绍具体的操作方法。

01 将时间指示器移至01:00:00:00处，在"媒体池"面板中找到素材"金色祥云.png"，长按鼠标左键，将素材拖动至素材"01.mp4"上方的视频轨道V2中，如图9-42所示。

图9-42

02 单击素材"金色祥云.png"，进入"检查器"面板，设置"缩放"为"X：0.45；Y：0.45"、"位置"为"X：-103；Y：-53"，如图9-43所示。

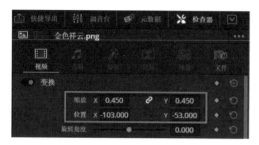

图9-43

03 在"媒体池"面板中找到素材"茶叶.png"，长按鼠标左键，将素材拖动至素材"01.mp4"上方的视频轨道V3中，如图9-44所示。

图9-44

04 单击素材"茶叶.png"，进入"检查器"面板，将"缩放"设置为"X：0.87；Y：0.87"，如图9-45所示。

图9-45

05 进入"裁切"栏，将时间指示器移至01:00:00:00处，设置"裁切底部"为1080，并标记关键帧，如图9-46所示。

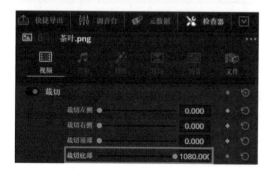

图9-46

06 将时间指示器移至01:00:04:10处，设置"裁切底部"为0.00，并标记关键帧，如图9-47所示。

图9-47

07 继续将时间指示器停留至01:00:04:10处，剪切时间指示器后素材"金色祥云.png"与"茶叶.png"多余片段，如图9-48所示。

图9-48

08 将时间指示器移至01:00:00:00处，在"特效库"面板中执行"工具箱"|"标题"|"字幕"命令，找到"文本"，长按鼠标左键，将选择的字幕样式拖动至素材"01.mp4"的上方的视频轨道V4中，如图9-49所示。

图9-49

09 单击"文本"进入"检查器"面板，在"多信息文本"中输入"茶"，设置"字体系列"为"方正字迹-那体草书繁体"、"大小"为367，如图9-50所示。

10 "位置"设置为"X：803；Y：594"，"描边"选项栏中的"大小"设置为2，同时"投影"选项栏中的"偏移"处的X值设置为14，如图9-51所示。

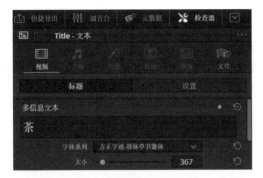

图9-50

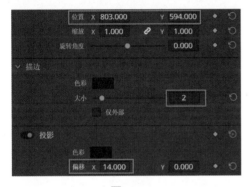

图9-51

11 参照步骤08，新建"文本"至视频轨道V5，如图9-52所示。

图9-52

12 参照步骤09，进入"检查器"面板，在"多信息文本"中输入"禅"，设置"字体系列"为"方正字迹-那体草书繁体"、"大小"为170，如图9-53所示。

图9-53

13 "位置"设置为"X：1026；Y：472"，同时"描边"与"投影"与步骤10同步，如图9-54所示。

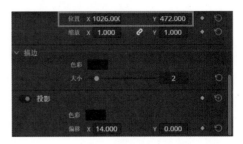

图9-54

14 参照步骤08，新建"文本"至视频轨道V6，如图9-55所示。

图9-55

15 参照步骤09，进入"检查器"面板，在"多信息文本"中输入"时"，设置"字体系列"为"方正字迹-那体草书繁体"、"大小"为190，如图9-56所示。

图9-56

16 "位置"设置为"X：898；Y：354"，同时"描边"与"投影"与步骤10同步，如图9-57所示。

图9-57

17 参照步骤08，新建"文本"至视频轨道V7，如图9-58所示。

图9-58

18 参照步骤09，进入"检查器"面板，在"多信息文本"中输入"光"，设置"字体系列"为"方正字迹-那体草书繁体"、"大小"为345，如图9-59所示。

图9-59

19 "位置"设置为"X：1093；Y：264"，同时"描边"与"投影"与步骤10同步，如图9-60所示。

图9-60

20 将时间指示器移至01:00:04:10处，删除时间指示器后多余文本片段，执行操作后，在预览窗口中可以查看添加的片头字幕效果，如图9-61所示。

图9-61

21 将时间指示器移至01:00:06:10处，在"特效库"中执行"工具箱"|"标题"|"字幕"命令，找到"文本"并拖动到视频轨道V2中，如图9-62所示。

图9-62

22 单击"文本"，进入"检查器"面板，在"多信息文本"中输入"驻足尘世一隅，只为一壶好茶"，设置"字体系列"为"方正启体繁体"、"大小"为100，如图9-63所示。

图9-63

23 进入"投影"选项栏，"偏移"处的X值设置为10，如图9-64所示。

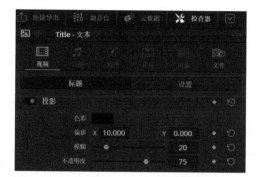

图9-64

24 将时间指示器移至01:00:11:04处，裁剪时间指示器后多余文本片段，如图9-65所示。

图9-65

25 进入"时间线"面板，将光标分别移动至文本左上角和右上角处，拖动光标，可以调整文本渐显与渐隐的动画，如图9-66和图9-67所示。

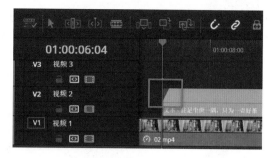

图9-66

图9-67

26 执行操作后，可以在预览窗口查看制作的字幕效果。参照步骤18~22的操作方法制作其余的字幕，效果如图9-68所示。

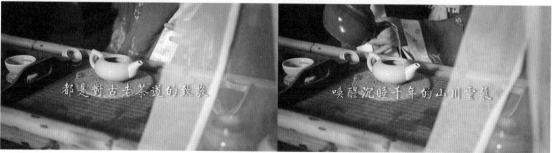

图9-68

图9-68（续）

9.7 为视频添加音乐音效

字幕制作完成后，可以为视频添加合适的背景音乐，使视频更有感染力。下面介绍具体操作方法。

01 在"媒体池"面板中选择素材"茶道禅意音乐.mp3"，长按鼠标左键将其拖动至"时间线"面板中，如图9-69所示。

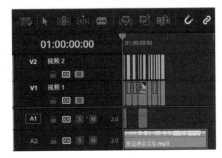

图9-69

02 在"时间线"面板的工具栏中单击"刀片编辑模式"按钮，如图9-70所示。

图9-70

03 将时间指示器移至视频的尾端，在时间指示器处单击音频，将音频分割为两段，如图9-71所示。

04 在"时间线"面板的工具栏中单击"选择模式"按钮，选中分割出来的后半段音频素材，按Delete键删除，如图9-72所示。

05 将时间指示器移至01:00:29:01处，在"媒体池"面板中找到音频"倒水声01.wav"拖动至音频轨道V3

中，如图9-73所示。

图9-71

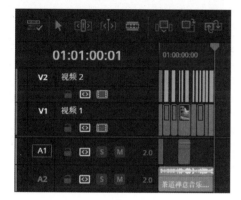

图9-72

图9-73

06 将时间指示器移至01:00:32:22处，在工具栏中找到"刀片编辑模式"按钮，裁剪时间指示器后的片段，如图9-74所示。

图9-74

07 参照步骤05和步骤06，分别在01:00:41:07、01:00:44:21、01:00:48:03处插入音频"倒水声02.wav"，并根据视频内容适量裁剪音频片段，如图9-75所示。

图9-75

> **提示：**
>
> 　　添加音频素材后，用户需仔细调整音频素材的位置，使倒水音频声响起的时间点与画面对应。

9.8
交付输出最终的成片

视频剪辑完成后，即可切换至"交付"界面，将制作的成品输出为一个完整的视频文件。下面介绍具体的操作方法。

01 切换至"交付"界面，执行"渲染设置"|"渲染设置-Custom Export"命令，在面板中设置文件名称和保存位置，如图9-76所示。

图9-76

02 在"导出视频"选项区中，单击"格式"右侧的下拉按钮▼，在弹出的下拉列表中选择"MP4"选项，如图9-77所示。

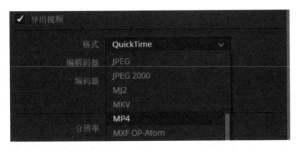

图9-77

03 单击"添加到渲染队列"按钮，如图9-78所示。

图9-78

04 将视频文件添加到右上角的"渲染队列"面板中，单击面板下方的"渲染所有"按钮，如图9-79所示。

图9-79

提示：

　　"渲染队列"面板可以对作业进行编辑和删除，可以对一个或者多个作业进行渲染，也可以对全部作业进行渲染。

05 执行操作后，开始渲染视频文件，并显示视频渲染进度，待渲染完成后，在渲染列表中会显示完成用时，表示渲染成功，如图9-80所示。在视频渲染保存的文件夹中，可以查看渲染输出的视频。

图9-80

第 10 章
综合案例：《居家日常 Vlog》

近年来，随着生活节奏的日益加快，人们内心深处对于宁静居家生活的向往愈发强烈。居家日常的美好瞬间，如同一缕清风，悄悄抚慰着人们疲惫的心灵。居家日常Vlog如同一方净土，引领着观众穿越喧嚣，找寻那份久违的安宁与自在。为了更真切地触动每个人的心弦，这类Vlog在制作时往往注重捕捉生活的细微之处、营造温馨的氛围以及调整色彩的柔和度。本章将深入探讨如何通过剪辑、调色等后期技巧，精心雕琢每一个充满生活气息与温馨之美的画面，引领观众踏入一场视觉与心灵的双重居家之旅。

10.1
视频效果赏析

居家日常Vlog是由多个充满生活气息的视频片段精心编织而成的。在制作之初，我们需要细心挑选素材，确定哪些视频片段能够展现居家的温馨与日常的美好。进入制作阶段，我们会根据Vlog的叙事逻辑和想要营造的氛围，对这些视频片段进行巧妙排序和组合。随后，我们会进入"调色"环节，对"时间线"面板上的每一个视频片段进行色彩的细致调整，以确保画面的色调与Vlog的整体氛围和谐相融。最后，我们会为Vlog添加上恰到好处的字幕、背景音乐和音效，为观众带来更加沉浸式的观看体验。经过一番精心的后期制作，一段记录居家日常、充满温情的Vlog就此诞生，等待着与观众共享那些平凡而又珍贵的瞬间。效果如图10-1所示。

图10-1

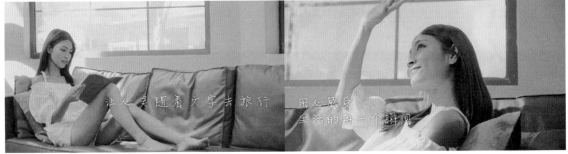

图10-1（续）

10.2
导入素材进行剪辑

本节主要对视频素材进行剪辑和变速处理，首先需要导入多个视频素材，在调整其播放速度后，再使用"刀片编辑模式"工具对素材进行裁剪，具体操作方法如下。

01 创建"居家日常Vlog"项目文件，进入达芬奇软件的"媒体"界面。在"媒体存储"面板中单击对应的磁盘目录，打开存放素材的文件夹，选择需要使用的视频和音频素材，长按鼠标左键将其拖动到下方的"媒体池"面板中，如图10-2所示。

图10-2

02 切换至"剪辑"界面，在"媒体池"面板中选择素材"01.mp4"～"09.mp4"，长按鼠标左键，将其拖动至"时间线"面板的视频轨道V1上，如图10-3所示。

图10-3

03 在"时间线"面板中选中素材04，按快捷键Ctrl+R弹出"变速控制"选项，右击并在弹出的快捷菜单中选择"更改速度"为150%，并删除空白片段，如图10-4所示。

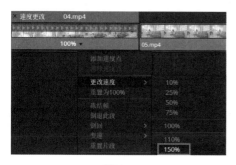

图10-4

04 将时间指示器分别移至01:00:02:14与01:00:06:11处，在工具栏中单击"刀片编辑模式"按钮，执行操作后，光标将变成刀片工具图标，切割时间指示器所处位置，如图10-5和图10-6所示，删除素材"01.mp4"前后两个片段，并删除空白片段。

图10-5

图10-6

05 参考步骤04，分别在01:00:04:07、01:00:07:05处裁剪素材"02.mp4"前后片段、在01:00:11:21、

01:00:19:01处裁剪素材"03.mp4"前后片段、在01:00:17:04、01:00:23:15处裁剪素材"04.mp4"前后片段、在01:00:23:15处裁剪素材"05.mp4"后的片段、在01:00:35:21、01:00:39:00处裁剪素材"06.mp4"前后片段、在01:00:32:04处裁剪素材"07.mp4"后的片段、在01:00:37:05处裁剪素材"08.mp4"后的片段、在01:00:48:19处裁剪素材"09.mp4"后的片段，最终效果如图10-7所示。

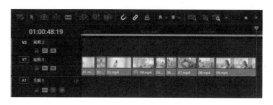

图10-7

10.3 制作调色基础预设

完成视频素材的剪辑工作后，即可切换至"调色"界面，调整素材画面的色彩。下面介绍具体的操作步骤。

01 在"时间线"面板中选中素材"01.mp4"，切换至"调色"界面，新建两个节点，右击节点01，在"节点标签"中输入"整体"，如图10-8所示。

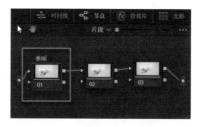

图10-8

02 展开"曲线-自定义"面板，在曲线上添加两个控制点，并将其拖动至合适位置，如图10-9所示。

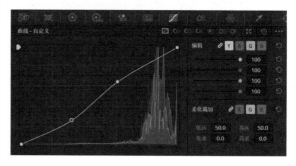

图10-9

03 执行操作后，画面将变暗，在预览窗口中可以查看预览后的效果，如图10-10所示。

图10-10

04 展开"一级-校色轮"面板，在面板中将"暗部"设置为-0.05，将"中灰"设置为-0.03，将"亮部"设置为0.98，在面板下方将"饱和度"设置为45.00，如图10-11所示。

图10-11

05 新建节点02，右击节点，在节点标签中输入"肤色"，如图10-12所示。

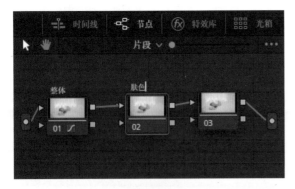

图10-12

06 展开"限定器-HSL"面板，将光标移至"素材监视器"面板左上方，单击"省略"按钮，选择"突出显示"选项，如图10-13所示。

07 鼠标左键长按人物面部至面部区域取样完全，松开鼠标左键，如图10-14所示。

图10-13

图10-14

08 打开"矢量图"面板，如图10-15所示。

图10-15

09 进入"一级-校色轮"面板，一边观察"矢量图"面板中的肤色矫正线，一边在"亮部"中拖动白色圆点至人物面部肤色不再发黄，至"亮部"处的数值分别为1.00、0.97、1.01、1.04，如图10-16所示。

图10-16

10.4
应用调色基础预设

完成调色基础预设的创建之后，即可利用调色基础对余下的片段进行批量调色。下面介绍具体的操作步骤。

01 将光标移至预览窗口右击，在弹出的快捷菜单中选择"抓取静帧"选项。执行操作后，在"画廊"面板中可以查看刚刚创建的调色预设，如图10-17所示。

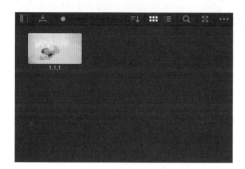

图10-17

02 在界面右上角单击"片段"按钮，展开片段预览区，选中素材"02.mp4"，在"画廊"面板中右击刚刚创建的调色预设，在弹出的快捷菜单中选择"应用调色"选项，如图10-18所示。

图10-18

03 执行操作后，系统将自动加载预设中的所有调色节点，如图10-19所示。

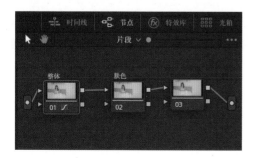

图10-19

04 单击素材"02.mp4"的节点01，进入"曲线-自定义"面板，在曲线上调整两个控制点的位置，如图10-20所示，使画面更加柔和，明暗更有层次。

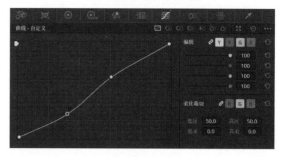

图10-20

05 单击素材"02.mp4"的节点02，进入"一级-校色轮"面板，在面板中部调整"暗部"为0.03、"中灰"为0.01、"亮部"分别为0.99、0.95、0.99、1.00，如图10-21所示。

图10-21

06 参照步骤01～03，将调色预设应用到素材"03.mp4"上，并重置节点02的所有调色，如图10-22所示。

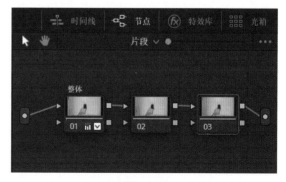

图10-22

07 素材"04.mp4"新建两个节点，并给节点01与节点03分别命名为"整体"和"肤色"，如图10-23所示。

08 单击素材"04.mp4"的节点01，进入"曲线-自定义"面板，在曲线上调整两个控制点的位置，如图10-24所示，使画面更加柔和，明暗更有层次。

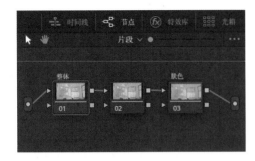

图10-23

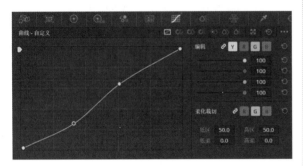

图10-24

09 进入"一级-校色轮"面板,设置面板中部的"暗部"为-0.01、"中灰"为-0.03、"亮部"为0.89,压低画面亮度,如图10-25所示。

图10-25

10 单击素材"04.mp4"的节点02,进入"一级-校色轮"面板,设置"亮部"为0.96,进一步压低画面亮度,如图10-26所示。

图10-26

11 展开"限定器-HSL"面板,将光标移至"检视

器"面板左上方,单击"省略"按钮 **⋯**,选择"突出显示"选项,如图10-27所示。

图10-27

12 鼠标左键长按人物面部至面部区域取样完全,松开鼠标左键,如图10-28所示。

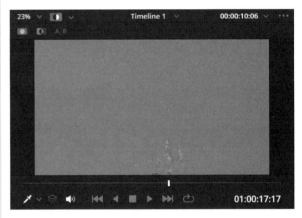

图10-28

13 打开"矢量图"面板,如图10-29所示。

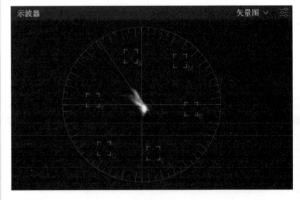

图10-29

14 进入"一级-校色轮"面板,一边观察"矢量图"面板中的肤色矫正线,一边在"暗部"中拖动白色圆点至人物面部肤色不再发黄,至"暗部"处的数值分别为0.02、0.01、0.02、0.01,如图10-30所示。

图10-30

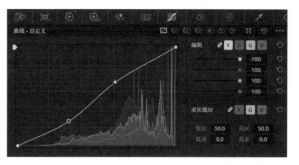

图10-32

15 参照步骤01～03，将调色预设应用到素材"05.mp4"上，如图10-31所示。

图10-31

16 单击素材"05.mp4"的节点01，进入"曲线-自定义"面板，在曲线上调整两个控制点的位置，如图10-32所示，使画面更加柔和，明暗更有层次。

17 进入"一级-校色轮"面板，设置面板中部的"暗部"为-0.05、"中灰"为-0.03、"亮部"为0.93，压低画面亮度，如图10-33所示。

18 单击节点02，参照步骤12～16调整人物面部肤色，"一级-校色轮"的调色参数如图10-34所示。

图10-33

图10-34

19 参照上述操作方法，利用调色基础预设为余下素材调色，效果如图10-35所示。

图10-35

10.5
制作视频转场效果

完成调色工作后，可以在素材片段之间添加转场效果，使视频画面的切换更加平缓自然。下面介绍具体操作方法。

01 执行"视频转场"|"运动"命令，找到"双侧平推门"效果；长按鼠标左键，将选择的转场效果拖动至素材"01.mp4"的起始位置，如图10-36所示。

图10-36

02 在"时间线"面板中选中转场效果，进入"检查器"面板，单击"预设"选项右侧的下拉按钮，在下拉列表中选择"横向双侧平推门"选项，如图10-37所示。

图10-37

03 执行操作后，在预览窗口中可以查看添加的转场效果，如图10-38所示。

图10-38

04 将时间指示器移至01:00:14:02处，进入"特效库"面板，执行"工具箱"|"视频转场"|"叠化"命令，找到"加亮叠化"效果，如图10-39所示。

图10-39

05 拖动时间指示器位于素材"03.mp4"～"04.mp4"之间，如图10-40所示。

图10-40

06 将时间指示器移至01:00:27:00处，进入"特效库"面板，执行"工具箱"|"视频转场"|"运动"命令，找到"推移"效果，如图10-41所示。

图10-41

07 拖动时间指示器位于素材"06.mp4"～"07.mp4"之间，如图10-42所示。

图10-42

08 将时间指示器移至01:00:32:14处，进入"特效库"面板，执行"工具箱"|"视频转场"|"划像"命令，找到"边缘划像"效果，如图10-43所示。

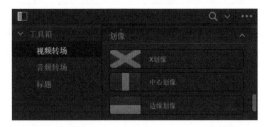

图10-43

09 拖动时间指示器位于素材"07.mp4"～"08.mp4"之间，如图10-44所示。

图10-44

10.6
为视频添加标题字幕

添加转场效果后，接下来需要为视频添加合适的字幕，增强视频的艺术效果。下面介绍具体的操作方法。

01 将时间指示器移至01:00:00:00处，执行"标题"|"字幕"命令，选择"文本"字幕样式，如图10-45所示。

图10-45

02 长按鼠标左键，将选择的字幕样式拖动至视频轨道V2中，如图10-46所示。

图10-46

03 将时间指示器移至01:00:03:22处，将光标移至字幕文件的末端，长按鼠标左键向左拖动至时间指示器处，如图10-47所示。

图10-47

04 执行"检查器"|"视频"命令，在"标题"选项卡的"多信息文本"编辑框中输入"居家小确幸VLOGjujiaxiaoquexinvlog"，如图10-48所示。

图10-48

05 选中文字"居家小确幸VLOG"，设置"字体系列"为"方正勇克体简体 ExtraLight"、"大小"为100、"字距"为4，如图10-49所示。

06 选中文字"jujiaxiaoquexinvlog"，设置"字体系列"为"方正中楷繁体"、"大小"为40、"字距"为40、"行距"为71，如图10-50所示。

图10-49

图10-50

07 选中所有文字，设置"位置"为"X: 947; Y: 505"，如图10-51所示。

图10-51

08 在"投影"中设置"偏移"中的X值为1.00，如图10-52所示。

图10-52

09 执行操作后，在预览窗口中可以查看添加的字幕效果，如图10-53所示。

图10-53

10 进入"时间线"面板，将光标分别移动至文本左上角和右上角处，拖动光标，可以调整文本渐显与渐隐的动画，如图10-54所示。

图10-54

11 将时间指示器移至01:00:05:04处，执行"标题"|"字幕"命令，选择"文本"样式，如图10-55所示。

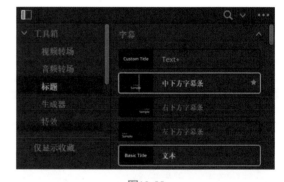

图10-55

12 长按鼠标左键，将选择的字幕样式拖动到时间指示器所在的视频轨道V2中，如图10-56所示。

13 将时间指示器移至01:00:08:22处，将光标移至字幕文件的末端，长按鼠标左键向左拖动至时间指示器处，如图10-57所示。

图10-56

图10-57

14 执行"检查器"|"视频"命令，在"标题"选项卡的"多信息文本"编辑框中输入"晨光轻吻窗棂"，设置"字体系列"为"方正静蕾简体"，如图10-58所示。

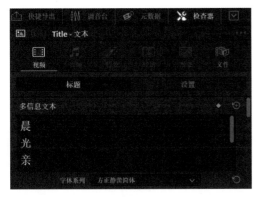

图10-58

<blockquote>
提示：

以上述"晨光轻吻窗棂"字幕为例，在编辑框中输入"晨"后，按Enter键换行，继续输入"光"字，即可使字幕在视频画面中竖向排列。
</blockquote>

15 设置"大小"为130、"字距"为50，如图10-59所示。

16 设置"位置"为"X：1626；Y：540"，如图10-60所示。

图10-59

图10-60

17 在"投影"中设置"偏移"中的X值为2.00，如图10-61所示。

图10-61

18 执行操作后，在预览窗口中可以查看添加的字幕效果，如图10-62所示。

图10-62

19 进入"时间线"面板,将光标分别移动至文本左上角和右上角处,拖动光标,可以调整文本渐显与渐隐的动画,如图10-63和图10-64所示。

图10-64

图10-63

提示:

除去上述方式实现字幕动画的"淡入淡出"效果外,也可以点击"文本",在"检查器"面板的"不透明度"中,调整"不透明度"参数配合标记关键帧的方式实现。

20 参照步骤09~14的操作方法制作其余的字幕,效果如图10-65所示。

图10-65

10.7
为视频添加背景音乐

字幕制作完成后，可以为视频添加合适的背景音乐，使视频更有感染力。下面介绍具体操作方法。

01 在"媒体池"面板中选择音乐素材，长按鼠标左键将其拖动至"时间线"面板中，如图10-66所示。

图10-66

02 在"时间线"面板的工具栏中单击"刀片编辑模式"按钮，如图10-67所示。

图10-67

03 将时间指示器移至视频的末端，在时间指示器处单击音乐素材，将音乐素材分割为两段，如图10-68所示。

图10-68

04 在"时间线"面板的工具栏中单击"选择模式"按钮，选中分割出来的后半段音乐素材，如图10-69所示；按Delete键删除，如图10-70所示。

图10-69

图10-70

10.8
交付输出最终的成片

视频剪辑完成后，即可切换至"交付"界面，将制作的视频输出为一个完整的视频文件。下面介绍具体的操作方法。

01 切换至"交付"界面，执行"渲染设置"|"渲染设置-Custom Export"命令，在面板中设置文件名称和保存位置，如图10-71所示。

图10-71

02 在"导出视频"选项区中，单击"格式"选项右侧的下拉按钮，在下拉列表中选择"MP4"选项，如图10-72所示。

图10-72

03 单击"添加到渲染队列"按钮，如图10-73所示。

图10-73

04 将视频文件添加到右下角的"渲染队列"面板中，单击面板下方"渲染所有"按钮，如图10-74所示。

图10-74

05 执行操作后，开始渲染视频，并显示视频渲染进度，渲染完成后，渲染列表会显示渲染用时，表示渲染成功，如图10-75所示。在保存渲染视频的文件夹中，可以查看渲染输出的视频。

图10-75